湛庐CHEERS

与最聪明的人共同进化

HERE COMES EVERYBODY

# 如何让孩子自觉又主动实战指南

THE YES BRAIN WORKBOOK

[美] 丹尼尔·J. 西格尔
Daniel J. Siegel
蒂娜·佩恩·布赖森
Tina Payne Bryson 著

黄珏苹 译

浙江教育出版社·杭州

# 你知道如何让孩子更坚强、更有智慧吗?

扫码激活这本书
获取你的专属福利

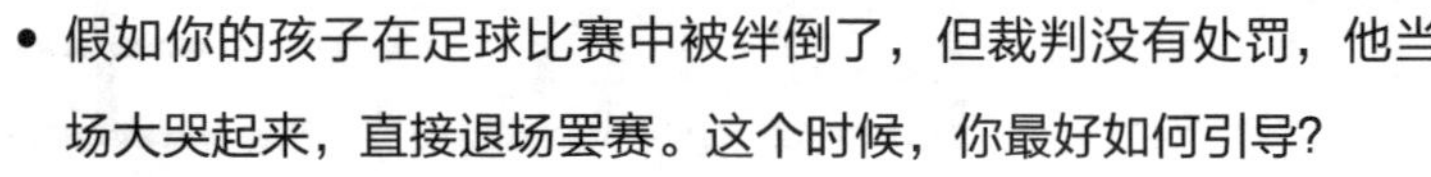

- 假如你的孩子在足球比赛中被绊倒了，但裁判没有处罚，他当场大哭起来，直接退场罢赛。这个时候，你最好如何引导?

  A. 直接走过去对他说：“你胡闹什么，赶快给我回到球场上去！”

  B. 帮孩子去跟裁判理论，一定要裁判改判

  C. 同意孩子退赛，觉得不公平的比赛不值得参加

  D. 对孩子的怒气表示理解，帮助孩子先恢复平静，然后再引导他继续比赛

想知道如何让孩子更坚强?
扫码获取答案及解析。

- 假如你的孩子白天看了一部恐怖片，晚上不敢独自睡觉。你最好如何引导?

  A. 对他说：“电影都是假的，没什么可怕的，快睡去吧。”

  B. 理解孩子的恐惧，当天晚上会陪他睡一会

  C. 告诉孩子再也别看恐怖片了，这次就是长个教训

  D. 告诉孩子勇敢是很重要的品质，越是害怕越应该鼓起勇气面对

- 假如你的孩子邀请朋友来家里玩，在讨论玩什么游戏的时候和朋友吵了起来，这时你应该如何引导?

  A. 鼓励孩子思考，当吵架发生时他的朋友们都是怎么想的

  B. 直接走开，因为孩子之间的矛盾应该孩子自己解决

  C. 极力劝说孩子和朋友换一个游戏一起玩

  D. 教育孩子不能对客人发火，要他跟朋友道歉

扫描左侧二维码查看本书更多测试题

融合心理学、脑科学与网络科学的先锋

# 丹尼尔·西格尔

他，创造了一个概念；他，创立了一个学科；

他，信奉“整合是王道”；他，以传播科学教养观为己任。

# 备受谷歌、微软推崇的人际神经生物学创立者

丹尼尔·西格尔毕业于哈佛大学医学院，是加州大学洛杉矶分校精神病学临床教授。他历时 25 年，通过对数千个案例的研究，创立了一门新的学科——人际神经生物学（Interpersonal Neurobiology），这门学科的研究重点是人际关系与大脑的密切关系。

西格尔不仅是一位专业的学者，也是一位多产的作家，更是一位备受赞誉的教育家。他在人际神经生物学领域出版了多本专著，还受邀四处演讲。他的研究成果被美国司法部、微软和谷歌等世界各地的机构和企业所采用。近年来，西格尔也将自己最新的研究理念传播给普罗大众，他的畅销书《第七感》向读者展现了经过整合的大脑的强大力量。他还将“整合”概念引入教养领域，其著作《由内而外的教养》和《全脑教养法》使更多父母认识到“整合的大脑”在教养中的积极作用。

丹尼尔·西格尔（Daniel J.Siegel）对话婚姻专家约翰·戈特曼（John Gottman）和朱莉·戈特曼（Julie Gottman）（从左至右）

# “情商之父”给予盛赞的脑科学家

西格尔是正念觉知研究中心（Mindful Awareness Research Center）联席主任，也是第七感[①]研究所（Mindsight Institute）创始人。第七感研究所是一个教育组织，它提供在线教育课程，帮助个人、家庭和组织通过评估人际关系来提升第七感。

第七感是发展情商的最基本技巧，它分为洞察（insight）、共情（empathy）、整合（integration）三个部分。第七感能让我们看到和分享自己内在的心理能量和信息流动，也有助于我们感知自己的思想、情绪和记忆，并帮助我们产生强大的心理力量来改变这种流动，从而摆脱根深蒂固的行为以及习惯性的反应，远离可能会导致自己陷入其中的消极情绪循环。形成第七感的过程就叫“整合”。

西格尔独创的里程碑式概念“第七感”备受“情商之父”丹尼尔·戈尔曼（Daniel Goleman）推崇。戈尔曼不但将第七感理论誉为“情商与社交商的基础”，还赋予了它更高的地位：“第七感堪与弗洛伊德的潜意识理论、达尔文的进化论齐名；在身、心与大脑整合方面，西格尔成果卓著，无人能出其右。”

① “第七感”是丹尼尔·西格尔自创的概念，它是指对自己和他人心智的感知和理解。——编者注

# 帮助父母实现圆满自我的“全脑教养专家”

家庭教育是西格尔的理论得以完美应用的一个重要领域。西格尔认为，想做好父母，必须先认识自己，认识到自己生命和生活的意义，深入了解自己的经历，尤其是童年时与养育者之间的互动，才能让孩子产生安全的依恋关系，这就是“由内而外的教养”，这个观点也贯穿于他所写的每一本与教养有关的书中。

西格尔基于对大脑结构及其运作机制的研究，提出了实用性极强的“全脑教养法”——针对各年龄段孩子提出全脑教养实践指南，以帮助父母破解种种育儿难题。其中他讲第七感所涉及的整合理念运用到了解和帮助青少年成长的教育实践中，非常值得家有青少年的父母借鉴和学习。

**“父母就是塑造孩子大脑的雕塑师，**
**你对孩子的所有陪伴**
**无时无刻不在改变着他的大脑。”**

TINA PAYNE BRYSON

# 蒂娜·佩恩·布赖森

- 南加州大学博士
- 第七感研究所主任
- 儿童与青少年心理治疗师
- 执业临床社会工作者

蒂娜·佩恩·布赖森毕业于南加州大学，是儿童与青少年心理治疗师、执业临床社会工作者，致力于儿童教育及发展事业。她为来自世界各地的家长、教育工作者、治疗师开展讲座和指导活动，拥有丰富的儿童心理治疗及家长咨询经验。

布赖森博士非常擅长将她在育儿理论方面的专业知识与实际的养育场景联系起来，然后以清晰、幽默且有效的方式展现给父母。

正如她所说：“对于父母、临床医生和教育工作者来说，了解一点关于大脑工作方式的知识有着神奇的作用。它不仅能帮助你引导孩子遵守纪律、正确应对困难，更能与孩子建立健康和谐的关系。”



## 西格尔全脑教养系列

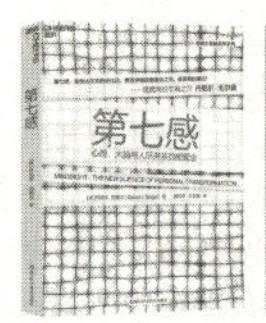

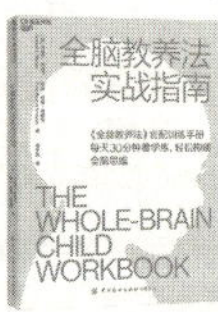

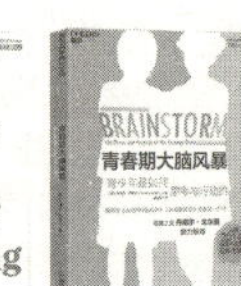

目录

THE YES BRAIN WORKBOOK

第 1 章

# 什么是开放式大脑

开放式大脑能使孩子感到踏实，更好地认识自己，灵活地学习并适应，带着目标感生活。开放式大脑不仅能使孩子在艰难困苦中生存下来，而且能使他们变得更坚强、更有智慧。

——《如何让孩子自觉又主动》

如今，我们常常会觉得生活中有无数事情压得我们喘不过气来，有时勉强混过一天也会觉得身心俱疲。儿童尤其如此，因为他们的大脑还没发育成熟，人生经历也不如我们丰富。一些我们认为很轻松的日常交往会让他们无所适从。不过不要太担心，通过培养开放式大脑[①]，我们可以帮助孩子更好地适应生活，让生活中的各种经历成为他们成长和学习的机会。

## 什么是开放式大脑

我们在《如何让孩子自觉又主动》中说过，培养开放式大脑并不是让父母放纵孩子，什么事都答应他们，也不是让父母帮他们搞定一切，而是帮助孩子找到应对之道，使他们在面对挑战时，不畏缩，思维灵活而开放。开放式大脑能帮助孩子更好地了解自己的情绪反应、身体反应，遇事能积极主动地应对，而不是听任身体和情绪的摆布。他们的“容忍窗”会变大，遇到生活中必然存在的逆境和挫折时，他们不会应对失当，出现身心问题（见图 1-1）。

① “开放式大脑”是丹尼尔·西格尔提出的一种关于大脑状态描述的概念，指一种大脑神经回路激活状态。后文出现的“开放式大脑状态”“开放式反应”等名词是作者基于具体语境描述某种具体状态时的用法。“防御式大脑”同理，后不另注。——译者注

拥有开放式大脑的孩子使用的是上层脑部分，尤其是与执行功能相关的部分。执行功能发展得越好，儿童在面对不顺时会越坚韧，适应性也会越强。

**图 1-1　开放式大脑状态**

## 什么是防御式大脑

相反，防御式大脑与低级的、比较原始的下层脑相关。拥有防御式大脑的孩子认为世界上充满了竞争和威胁，因此在遭遇挫折时，他们的反应是焦虑、固执、对抗的。如果孩子具有防御式大脑，他们会难以应对困境，无法正确地认识自己和他人（见图 1-2）。

防御式大脑的问题在于冲动、一触即发的反应。因此孩子无法控制自己的情绪、身体和决定。他们是外界境遇的傀儡，对发生的事情只会做出反射性反应，而不会有意识地思考他们想成为什么样的人，应该怎么做。

拥有防御式大脑的孩子往往会困在自己的情绪中，无法从心烦意乱中走出来，无法找到更恰当的回应方式。一般来说，年幼的孩子比年长的孩子更常出现这种思维模式，事实上每个孩子甚至父母都有可能陷入防御式大脑状态中。

## 想象不同的情况

问问自己：如果孩子在日常生活中具有开放式大脑状态，而非防御式大脑状态，你的家庭生活会发生怎样的改变？如果在使用电子产品、做家庭作业、何时上床睡觉的争执中，在与兄弟姐妹发生冲突时，孩子具备开放式大脑，又会怎样？

- 当事情不如意时，如果孩子不那么刻板、固执，能更好地自我调节，那会怎样？

**图 1-2 防御式大脑状态**

- 如果孩子欢迎新体验,而不是畏惧它们,那会怎样?
- 如果孩子更了解自己的情感,对他人更关心、更有同理心,那会怎样?
- 孩子会有多快乐?你的家将会多么快乐、安宁?

现在想象一下，如果孩子拥有开放式大脑，生活会是什么样子。把你的想象写下来，没有什么规则，只是写出可能发生的改变。

______________________________________________

______________________________________________

______________________________________________

______________________________________________

你已经想象了孩子拥有开放式大脑后生活可能会发生的改变。现在，让我们帮助孩子实现这些目标。

## 认识两种大脑状态

在帮助孩子从一种大脑状态转变为另一种大脑状态之前，我们最好来认识一下这两种大脑状态。孩子在处于开放式大脑状态或防御式大脑状态时，分别会有什么表现？当他不能自我调节，处于防御式大脑状态时，会表现出哪些行为？你如何判断他什么时候开始渐渐恢复平静？

接下来，我们会让你思考一下自己的孩子，他在开放式大脑状态和防御式大脑状态时是怎样的。我们会给你一张包含行为、动作及表达方式的清单。在清单的下面，还有两栏空白。认真阅读清单上的内容，思考你的孩子在应对富有挑战性的事件时，是否有这些表现。他是否烦躁不安或跟人争吵、打架？他是否通常并不会受影响、泰然处之？仔细阅读，看看哪些行为与你孩子的情况相符。

在这个练习中，你很有可能发现，你的孩子在面对困境时经常同时表现出开放式的和防御式的反应。将孩子的行为写在空白栏中。如果你有多个孩子，最好给每个孩子都写一张清单。注意：这个清单不是确定不变的，如果孩子的行为不在清单上，你也可以进行补充，只要它们能反映孩子的状态。

- 烦躁不安
- 争斗
- 不急不恼
- 睡眠过多
- 好争辩
- 回避
- 重重地叹气
- 兴奋
- 注意力不集中
- 冷漠
- 固执
- 惊慌
- 愿意接受其他观点
- 因为小事而心烦
- 自信
- 哭泣
- 拖延
- 咬指甲
- 饮食方面发生改变
- 失眠（难以入睡或总醒）
- 平静
- 专注
- 能够清楚地表述自己的观点
- 灵活
- 呼吸平稳
- 焦虑
- 视挑战为机会
- 有毅力
- 乐观积极
- 死板

| **我的孩子的开放式反应** | **我的孩子的防御式反应** |
| --- | --- |
| ____________ | ____________ |
| ____________ | ____________ |
| ____________ | ____________ |
| ____________ | ____________ |
| ____________ | ____________ |

在防御式反应一栏中会看到某些不受欢迎的行为，这不足为奇。重要的是，你要找出孩子常常采取的行为。如果你注意到孩子在面对困境时常常咬指甲或睡觉时间过长，你就可以利用它们来发现孩子什么时候会变得不安，然后抓住先机，进行干预和帮助（详见后文）。

接下来，我们希望你看看图 1-3，我们通过列举孩子在一天中常会遇到的事情来说明防御式大脑状态会引发孩子哪些情绪和行为。

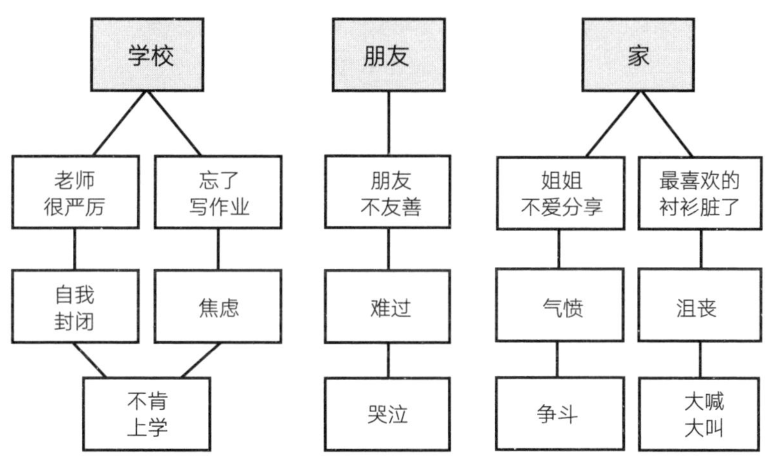


**图 1-3　防御式大脑状态引发的行为**

正如你所见，孩子一天里会遇到很多挑战。如果孩子大脑的各个部分不能协同一致地工作，那么他们就会做出令人不快的行为，自己也会感受到更大的压力。

然而，即使每天面对很多挑战，我们依然可以帮助孩子从防御式大脑状态转变为开放式大脑状态。现在，你已经发现了孩子的某些行为，也思考过各种挑战是如何引发这些行为的，接下来，把视野放大到日常生活中，看看哪些互动或事件会让孩子陷入防御式大脑状态，想想如何帮助他保持开放式大脑状态。

以下面的清单为例，想想你的孩子通常是怎样度过一个星期的。一边看清单，一边圈出你认为对孩子具有挑战性，会引发防御式反应和行为的事件，并在横线上补充让孩子苦恼的其他事情。

- 父母发火或出现情绪化的反应
- 看望亲戚
- 与父母分离
- 青春期 / 自我意识崛起
- 迟到
- 起床
- 为上学做好准备
- 不得不参加不太喜欢的活动
- 老师不耐心 / 被老师当成反面典型（羞耻、难堪、不安）
- 考试
- 上学
- 进入新的班级 / 有新老师
- ______________
- 做作业 / 学习
- 要求没有得到满足
- 计划改变
- 关电视、电脑或手机
- 比赛输了
- 玩具坏了
- 匆忙
- 过渡期
- 做不好某事
- 父母争吵
- 到了洗澡时间
- 没睡好
- 到了吃饭时间
- 梳洗（梳头、刷牙等）
- 旅游
- 失去朋友、家人、宠物等
- ______________
- 身体不适（太热，太冷，饥饿，牙箍引起的疼痛，脚疼，皮肤痒，膝盖擦伤等）
- 课后活动（练习乐器、补习功课等）
- 衣服不舒服 / 不得不穿戴整齐
- 到了上床睡觉的时间
- 做家务
- 与朋友相处不融洽（被冷落、被取笑、被强迫等）
- 和兄弟姐妹争夺爸妈的关注
- ______________

成年人常常忙得焦头烂额，很容易忽视一些小事给孩子造成的巨大压力。孩子不仅在应对世事上缺乏经验，而且他们的大脑还未充分发育，还无法处理好这些挑战。不过现在你至少意识到当孩子陷入防御式大脑状态时，通常会有哪些表现。你越清楚这些表现的根源，就越能更好地帮助孩子。

## 如何帮助孩子

本书的主要内容就是告诉你如何帮助孩子。正如我们在《如何让孩子自觉又主动》中提到的，孩子需要学会在情绪、行为失控时调动开放式大脑。作为父母，我们是孩子的大本营，我们要保持明智，促成这种学习。现在让我们来看一看第一步应该怎么做。

接下来的练习要用到你在前两个练习中得到的结果，把这些结果填写在表 1-1 相应的栏中。

- 在第 1 栏中列出会引发孩子防御式大脑状态的事件。
- 在第 2 栏中，对应第 1 栏的触发事件，填写你在前面选出或写出的防御式反应（一种或多种行为）。
- 下次孩子再面对类似挑战时，思考你可以采取什么策略帮助他们保持开放式大脑状态。把这些方法填写在第 3 栏中的相应位置。

该练习不仅涉及在孩子气恼不安时，你应该如何应对，还涉及孩子所需要的工具。有了这些工具，在出现类似情况时，孩子就可以调动开放式大脑。我们为你提供了几个例子，你可以在表格中填入自己的例子，想到多少填多少。

**表 1-1　如何开启开放式大脑状态**

| 触发事件 | 防御式反应 | 开放式大脑策略 |
| --- | --- | --- |
| 父母发火或情绪化的反应 | 戒备心理<br>固执<br>哭泣 | 先倾听他诉说自己的感受，让他知道你关心他<br>告诉他爸爸妈妈有时也会出现防御式反应，而且对于爸爸妈妈的怒火和情绪化，他的开放式反应有助于父母进行自我调节<br>告诉他当我们处于防御式大脑状态时，双方都不能达成所愿，和孩子一起想出下一次能够采取的折中方法 |
| 老师压制孩子的创造力 | 回避<br>冷漠 | 倾听、思考他的感受<br>角色扮演，和他一起再现当时的情景，讨论他对老师的评价的情绪反应<br>让他和你一起分析老师为什么会出现防御式反应（对不能按时下课感到焦虑，担心一个学生偏离主题会带偏其他学生，导致课堂失控）<br>和孩子头脑风暴，想办法继续实施他觉得很有创意的项目，同时尊重老师的权威 |
| | | |

一段时间后，随着孩子的发展，他们会自然而然地恢复到开放式的大脑状态，他们会越来越不需要我们的帮助。不过现在还不行，我们还需要帮助孩子培养自我调节能力以及复原力。最有效的方法之一就是帮孩子整合大脑。

## 开放式大脑与整合

大脑由很多不同的部分组成，每个部分有各自的功能。当这些部分既有差异，又是整合的，能够协同工作时，大脑就能更好地发挥功能，学习、工作、人际关系会更好，心理会更健康。幸运的是，我们有很多机会帮助孩子培养整合脑的重要特征（见图 1-4）。

整合的大脑就是灵活的、有适应性、逻辑清晰、有活力且稳定的大脑。想一想你的孩子是如何应对周围环境以及环境中的挑战的。

FLEXIBLE 灵活
ADAPTIVE 适应
COHERENT 逻辑清晰
ENERGIZED 有活力
STABLE 稳定

**图 1-4　整合脑的 FACES**

- **灵活：**能够做出心理上和情绪上的改变，能够很好地处理转变或变化。
- **适应：**认识周围环境并思考现有选择，然后做出能得到最佳结果的回应。

- **逻辑清晰：**准确地认识世界，有正确的判断力，尽可能客观。
- **有活力：**保持机敏，专注，充满活力。
- **稳定：**理智、现实、稳重，能在稳定的情绪上对事件做出反应。

在表 1-2 中写出一些会让孩子觉得难以应对的情景。我们列出了一些常见的情景，引导你思考自己孩子的情况，补充更多类似的例子。然后在灵活、适应、逻辑清晰、有活力和稳定这五列中，给孩子打分，分值为 1 ～ 5，1 分代表非常困难，5 分代表能力出众。此表能帮助你发现孩子的强项和弱项，以便你继续推动孩子的大脑整合。

**表 1-2　孩子的 FACES**

| 事件 | 灵活 | 适应 | 逻辑清晰 | 有活力 | 稳定 |
|---|---|---|---|---|---|
| 计划发生了意料之外的改变 | | | | | |
| 告别玩伴，回家 | | | | | |
| 比赛输了 | | | | | |
| | | | | | |
| | | | | | |
| | | | | | |

## 准备好，开始整合

促进孩子大脑整合的最佳方法是让孩子做一些能让他们以积极的方式集中注意力的事情。记住，随着我们成长和不断经历新的事件，不只我们的思维方式会发生改变，大脑的结构也会随之改变和重组，这些改变和重组基于我们的所见、所闻、所感、所思以及所作所为等。所有我们关注的事情都会在大脑中建立新的联结，这个过程被称为神经可塑性。也就是说，**注意力在哪儿，相应的神经元就在哪儿放电，神经联结就在哪儿生长。**

孩子的经历会对他们产生积极的影响，但我们同时需要意识到，忽视孩子发展的某些方面可能会使大脑达不到最佳的整合结果。例如，我们鼓励孩子从他人视角来看待事件，帮助他们以积极、开放式的方式重塑大脑，就是在帮助他们练习耐心、共情、思维灵活等技能。但是，如果他们从来不知道可以从很多角度来看待事情，那么控制不同脑区的神经元就没有机会形成联结，一段时间后，孩子很有可能会出现僵化、防御式的行为。

现在让我们来看看你的孩子的经历吧，思考你要怎么做才能帮助他集中注意力。既要看到积极的经历，也要看到消极的经历。你可以在表 1-3 中填写孩子的经历或活动，如去超市买东西、上学、晚上的常规活动等。尽量写得详细一些，然后分析一下孩子从每件事中都学到了什么（维护自己的利益、灵活反应、交朋友等）。

接下来，判断一下孩子在活动中获得的隐藏信息，如果符合你的价值观并能促进开放式大脑，那么请在“继续”栏打钩，如果你认为这些活动似乎强化了防御式大脑并且需要调整，那么请在“做出改变”栏打钩。此外，你会发现有些经历和活动虽然是积极的，但你依然希望做出一些改变，把它们变得更好。如果是这样，你可以在“继续”和“做出改变”两栏里都打钩。让我们开始吧。同样，我们给你提供了一些例子作为示范。

这个练习不是为了让你觉得自己做得不够好，心生内疚；而是为了让你从全局视角，来思考孩子的时间是怎么度过的，哪些活动能发挥良好的作用，哪些活动需要改善。

**表 1-3　孩子的经历**

| 经历 / 活动 | 隐藏信息 | 继续 | 做出改变 |
|---|---|---|---|
| 妈妈每天晚上准备好孩子第二天要穿的衣服 | 本来应该自己做的事，却有别人愿意代劳<br>在自己决定穿什么这件事上，暂时还做不好 | | √ |
| 孩子不敢参加夏令营，爸爸耐心地鼓励他 | 你可以应对挑战，战胜自己的恐惧 | √ | |
| | | | |
| | | | |
| | | | |
| | | | |
| | | | |

找出这些日常生活中的良性互动，这对你来说是很了不起的工作！这些互动可能比你认为的多很多。同时，你还要分析你是否为孩子提供了有助于他保持开放式大脑的活动。一方面，你要知道什么样的活动会让孩子感到快乐，并提供参与这些活动的机会；另一方面，你要对孩子提出挑战，让他走

出舒适区，这样他才更有可能锻炼各部分大脑，实现整合。就像健美运动员不应该只锻炼一组肌肉一样，你需要在这两个方面达成微妙的平衡。我们在后面的部分会谈到。

开始思考吧。在表 1-4 的第 1 栏中列出你认为不能为孩子提供大脑整合机会的活动，在第 2 栏中写出你想做出的改变，在第 3 栏中写出你认为孩子能从这些改变中获得什么技能。

**表 1-4　促进孩子的大脑整合**

| 体验 / 活动 | 改变 | 技能 |
|---|---|---|
| 妈妈每天晚上都准备好孩子第二天要穿的衣服 | 鼓励他自己挑选衣服<br>和他讨论前一天晚上和第二天早上挑选衣服的利弊 | 独立<br>自主<br>责任心 |
| 父母一再让孩子关电脑，但还是默许他玩游戏到很晚 | 调整写作业的时间安排，确保有时间完成作业和学习任务<br>限定玩游戏的时间，明确上床睡觉时间，并严格执行<br>可以考虑只允许在周末玩电子游戏 | 负责任<br>自律<br>学习应对失望情绪 |
| | | |
| | | |
| | | |

表格填好后，你想到了什么样的行动方案？基于这个表格，列出你的行动清单，也可以适当调整一下。想一想：你接下来应该做什么？为了完成这些行动，你需要什么支持？

| 行动： | 支持： |
| --- | --- |
| ____________________ | ____________________ |
| ____________________ | ____________________ |
| ____________________ | ____________________ |
| ____________________ | ____________________ |

以批判的眼光审视孩子日常的活动，可能会让父母心里不舒服，但我们希望这个练习不仅能帮助你看到哪里需要改进，还能让你看到自己做得非常好的地方。大脑的成长与整合是持续不断的过程，时不时退后一步，审视一下，绝对是有益的。

## 开放式大脑的四项特质

如果你读过我们写的其他书，就应该知道我们多次探讨过“上层脑”这个概念。具有开放式大脑的人是成熟的，而且关心他人，他们的行为就是在上层脑的指挥下做出的。

开放式大脑的特点是灵活变通，能做出明智的决定和合理的计划，能调节自己的情绪和身体，有洞察力、同情心和道德感。

我们会在本书接下来的部分探讨这些行为，并把它们归纳为开放式大脑的四项特质（见图 1-5）。

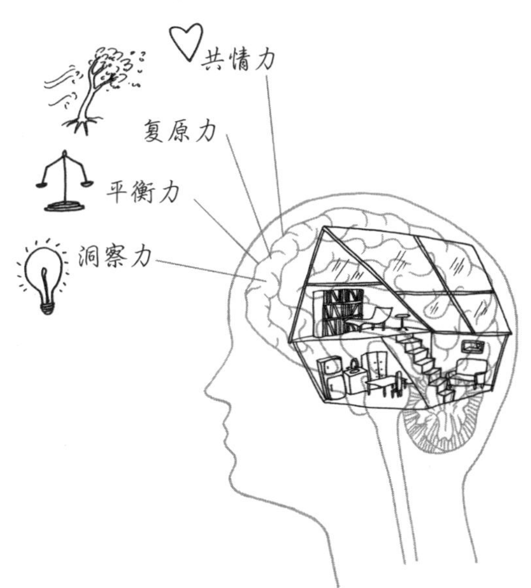


**图 1-5　开放式大脑的四项特质**

本书的第 2 章至第 5 章将分别对这四项特质进行深入探讨，告诉你如何培养孩子的这些特质。孩子在每个特质上发展得越好，就越能表现出开放式大脑的所有优点。

- **平衡力：**强烈的情绪袭来时，具有平衡力的孩子知道如何调节自己的情绪和身体反应，即使心烦意乱，依然能做出明智的决定。此外，平衡力会促使孩子从事有益健康的活动，制定有益身心的日程安排。
- **复原力：**缺乏复原力的孩子在遇到困难时容易崩溃。具有复原力的孩子能克服困难，即使遇到挫折也不气馁。
- **洞察力：**洞察力就是了解自己和自己的情绪的能力。具有洞察力的孩子知道自己想成为什么人，自己在乎什么。

- **共情力：**上面 3 种能力是发展共情力的基础。有了这个基础，孩子才能够理解并关心自己与他人，品行端正，有道德。

现在，给孩子的这四项能力打分，1 分代表非常缺乏这项能力，5 分代表非常优秀。

平衡力　1　2　3　4　5

复原力　1　2　3　4　5

洞察力　1　2　3　4　5

共情力　1　2　3　4　5

通过这张表格，你会发现对你的孩子来说，他最具有哪种能力，他最缺乏哪种能力。虽然孩子的性格会使他天生更平衡、更坚韧、更有洞察力或更有同理心，但请记住，孩子的大脑具有可塑性，他完全有机会提高自己不擅长的部分。

换言之，这些能力是可习得的。接下来让我们进行一些练习，帮助孩子获得这些能力吧。

THE YES BRAIN WORKBOOK

第 2 章

# 平衡力

所有的孩子都会有情绪失衡的情况。有的孩子爆发得频繁些，有的不常爆发，无论频率如何，情绪失控在童年期都是正常的。孩子在童年时应该体验各种各样的情绪状态和情绪强度。虽然有时强烈的情绪会压倒理智的思维，导致情绪失控，但这才是正常人呀！

——《如何让孩子自觉又主动》

父母对孩子的所有希冀，比如快乐、学习好、与朋友和家人关系好，甚至只是睡一晚上好觉，都取决于平衡力。如果没有平衡力，孩子就调节不好情绪，会冲动行事，做出不明智的决定，或者无法从发生的事情中学到有益的东西。此外，开放式大脑的其他三个特质——复原力、洞察力和共情力，都在一定程度上源自孩子的情绪稳定和调节能力。换言之，平衡力对孩子的生活至关重要。当孩子遭遇强烈的情绪时，父母的第一要务通常是帮助他们调节情绪。毕竟，如果他们连自己的情绪都管理不了，我们怎么能指望他们成功地应对挑战？

孩子总是希望从父母这里获得指引，他们会因父母的反应而加剧或减少不良行为，因此父母有必要了解一下自己在这个循环中发挥的作用（见图 2-1）。你的反应能帮助孩子平静下来，恢复理智，做出正确的决定呢，还是加剧了孩子的情绪失调，让他们更难恢复理智？你是否经常教孩子如何应对强烈的情绪？你是否常常以身作则，在发生糟糕的事情时，依然能保持冷静？是否有人帮助你调节情绪，让你在孩子情绪失控、惹火你的时候，依然能保持理智？

父母的防御式大脑的反应会让孩子更受挫。

父母的开放式大脑的反应会让孩子平静下来，有助于增强他们的能力。

**图 2-1　父母面对孩子受挫时的不同反应**

让我们先来看一看当孩子生气烦躁时你通常会出现的反应。表 2-1 包含两栏：左栏是孩子出现防御式行为时你通常的反应，我们留出一些空白，你可以补充你自己的例子。右栏需要填写你会出现这些反应的概率。表中的反应并不一定都会出现在你身上，认真填写适用于自己的反应就可以。

举例来说，当孩子不守规矩或者大吵大闹时，40% 的情况下你会选择用“命令和要求”的方式回应他，20% 的情况用“符合逻辑和理性”的方式回应他，10% 的情况会与他共情。那么，当孩子出现防御式行为时，你的第一反应是什么？

**表 2-1　我对防御式行为的反应**

| 我的反应 | 发生率 |
| --- | --- |
| 命令，要求 | |
| 符合逻辑，理性 | |
| 不理会孩子的脾气 | |
| 大事化小（“这没什么大不了”） | |
| 复述情况（“我听你说是因为……所以发火的”） | |
| 和兄弟姐妹或朋友的反应进行比较 | |
| 愤怒，沮丧，吼叫 | |
| 共情（“听起来你确实遇到了麻烦”） | |
| 让他自己待着（“回你房间去”“冷静一下”） | |

续表

| 我的反应 | 发生率 |
|---|---|
| 不计后果的反应，或者威胁 | |
| | |
| | |

有些人觉得图像化的呈现更容易理解。如果是这样，你可以把表 2-1 中的发生率填到下面的饼图中（见图 2-2）。我们提供了一个例子，供你参考。

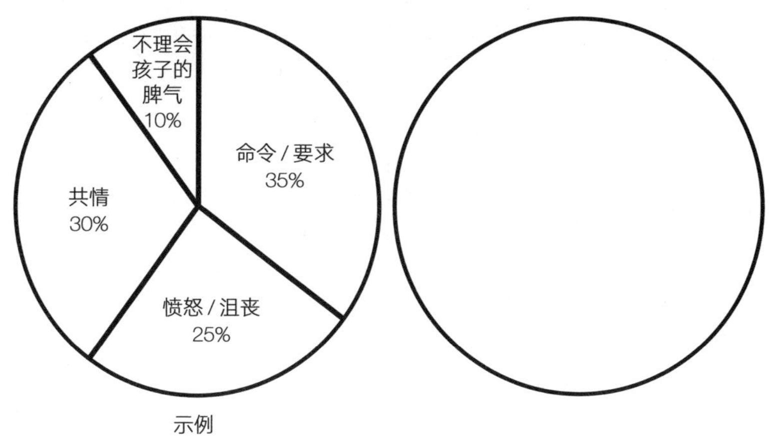


图 2-2　我对防御式行为的反应

你可能对自己的反应感到不满意，请不要对自己太苛刻。在压力巨大的时候，我们很难做出令自己满意的反应。父母的不良情绪也会爆发。我们希望你认识到，通过练习开放式的反应，一段时间后你就比较容易做到了，它们会变得更加自然而然。记住，没有所谓的“完美教养”。我们不仅要修复亲子关系的裂痕，还应该帮助孩子认识到即使情况艰难，联结依然能够重建，这能促进复原力的发展。

当你更加了解自己的行为以及它们对孩子的影响时，你就迈出了积极改变的重要一步。看一看你在表 2-1 中填写的发生率。你的反应是经常对孩子有帮助，稳定事态，还是常常加剧了孩子的情绪失调？如果你看到还有改进的空间，思考一下你可以怎么做，从而改变不合适的回应方式。比如，你是否可以增加和每个孩子单独相处的时间？在一天中的某个时段，你是否需要别人更多的支持和帮助？你是否需要练习只是倾听而不是提供解决方案？在下面的横线上做记录，提醒你该怎么做。

______________________________

______________________________

______________________________

______________________________

一定要记住，行为即沟通。孩子通过他们的行为告诉我们，他们此时需要什么，或者他们需要学习什么技能。很多时候孩子是因为无法控制自己的情绪和身体，而做出不良行为，并不是他们不愿意控制。他们是由于情绪失调或情绪失衡，才会受到情绪的支配。

你在多大程度上认同“行为即沟通”的观点？你觉得孩子的行为是故意的吗？他们就是故意不听话，故意捣乱，故意做坏事，好让你难过？花点时间简单写出你的孩子常常表现出来的一两种行为模式，想一想他们可能在试图表达什么。例如，“我需要别人帮我应对改变”“我只会用攻击表达愤怒，我还没学会恰当的表达方式”“我的大脑还缺乏执行功能，还不能提前做好计划”“感到焦虑时，我不知道如何让自己平静下来，不知道如何能不被情绪淹没”，等等。

______________________________________________

______________________________________________

______________________________________________

行为失控往往看似是调节能力不佳的结果，但回顾一下《如何让孩子自觉又主动》这本书，你会发现孩子因缺乏平衡力而经常做出冲动反应的根源多种多样：

- 年龄；
- 性格；
- 创伤（任何极其可怕或破坏安全感的事情）；
- 睡眠问题，包括睡眠不足；
- 感觉加工障碍；
- 疾病；
- 学习、认知等方面的障碍和失调；
- 养育者过度反应，或对其反应冷淡；
- 环境要求与孩子的能力不符；
- 心理障碍。

我们并不是在给孩子的不良行为找借口，而是让你设身处地地理解孩子的痛苦与挣扎。这样你对孩子的回应会更有耐心和爱心，你会把应对技能教给他们，不会让防御式反应无限循环下去。

# 三色区

大脑平衡的孩子遇事会暂停一下，思考做出怎样的反应最好，而不会始终做出僵化的、不过脑子的反应。我们给他们提供的练习灵活性的机会越多，他们做出恰当反应的能力就会越强。他们的能力越强，容忍窗就会越大。

在《如何让孩子自觉又主动》中我们说过，当孩子的神经系统是平衡的，他们就能掌控自己。我们把这种状态称为绿色区。当孩子处在绿色区时，他们就处于开放式大脑状态。他们的身体、情绪和行为稳定，即使面对逆境，他们也会感到尽在掌握中，能够很好地自我调节。有时候恐惧、愤怒、悲伤、沮丧或焦虑等消极情绪会变得非常强烈，孩子会因此突然失守，无法再应对情境的要求，很难再保持冷静，很难继续待在绿色区中。

孩子可能因情境的不同而进入红色区，这是混乱、狂暴的防御式大脑状态，攻击性或宣泄性的行为是这种状态的标志，这类行为包括：

- 大喊大叫；
- 不合时宜地大笑；
- 咬东西；
- 大哭；
- 身体或言语攻击。

孩子还有可能变得刻板、冷漠，进入蓝色区，他们会用一些防御式反应进行逃避，比如：

- 封闭自己；
- 情感上退缩；
- 逃避某种情境；
- 避免眼神交流；
- 分离。

图 2-3 虽然是黑白的，但你应该能明白其中的含义。

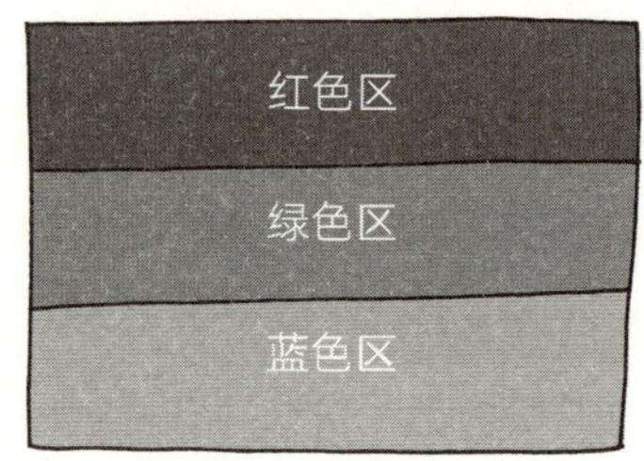


**图 2-3　三色区模型**

孩子有时会情绪失衡是很正常的，但作为父母，我们必须思考是什么触发了这种反应，帮助他们恢复平衡的最佳方法是什么，以及如何逐渐扩大他们的绿色区。第 3 章会探讨如何扩展和巩固孩子的绿色区，现在让我们看一看如何帮助孩子重新回到并持续待在绿色区中。

## 测一测孩子的平衡力

首先，回顾一下我们在《如何让孩子自觉又主动》中一组用于测试孩子平衡力的题目。然后，找个舒服的、不受打扰的地方，用 5 ～ 10 分钟时间厘清思路，回答下面这些问题（如果需要让多个孩子做这项练习，可以每个孩子用一张纸）。

孩子心烦意乱时，你通常有什么反应？你是否经常做出防御式反应，不仅不能帮助孩子回到绿色区，反而会把他们进一步推向红色区或蓝色区？

______________________________

______________________________

在应对某种情绪时，孩子的绿色区有多大？他们能轻松地应对不安、恐惧、愤怒和失望吗？

______________________________

______________________________

当孩子不能很好地自我调节时，他们容易一下子进入红色区或蓝色区吗？你会如何描述他们在这种时候的行为？

______________________________

______________________________

孩子容易偏离绿色区吗？什么样的情绪或情境会导致他们进入混乱的红色区或刻板的蓝色区？是否存在触发孩子调节失衡的典型因素（如饥饿或劳累）？

______________________________

______________________________

为了应对你在前面描述的、令孩子难以承受的情绪和情境，孩子需要培养哪种社交 / 情绪技能？

______________________________

______________________________

孩子距离绿色区有多远？他的反应有多强烈？

______________________________

______________________________

孩子在绿色区外会停留多长时间？他回到绿色区的难度有多大？

________________________________________

________________________________________

________________________________________

通常哪些事情能帮助孩子回到绿色区？

________________________________________

________________________________________

________________________________________

孩子有时看似夸张的反应确实会令人沮丧，但是请记住，你的防御式反应会让他更深地陷入防御式大脑状态。如果我们做出冲动的反应（尤其是当我们失去理智、失控时），孩子会变得更冲动。基于对孩子独特能力和性格的了解，你所做出的回应能使他们有所收获。短期来看，你可以帮助他们恢复理智。长期来看，你可以教给他们受益终生的技能，帮助他们成长为能应对复杂社会的人，始终保持冷静、专注。通过练习，掌握保持冷静、快速恢复理智的能力对他们来说会变得越来越容易。

## 整合亲子关系

在前文中，我们探讨了大脑整合。不同的脑区不仅能完成各自的任务，还能协同起来，共同完成任务，而且比各自为战更有效率，开放式大脑就由此产生。整合的概念也可以应用于亲子关系。

在整合的关系中，人们既亲密无间，又尊重彼此的差异。亲密的联结来自你与孩子的感同身受，不只是了解他们的外部行为，还了解他们的内心状态。这样当他们滑向红色区或蓝色区时，你才能帮助他们。

除了充满共情的联结之外，给予孩子开放式回应的父母还允许差异的存在。把自己和孩子区分开意味着，作为父母，你知道自己的任务不是把孩子的强烈情绪扛过来，也不是彻底拯救他们，让他们逃避困难的事件，而是当他们遇到困难时，你既要不离不弃，感同身受，又要把自己和他们区分开。不要跟着他们一起崩溃，而要为他们撑起一片空间，让他们充分体会自己的感受，引导他们走出来，这样他们就不是独自在战斗。

换种说法就是，亲子关系中的区分意味着你让孩子有机会体验生活中不可避免的糟糕情绪，而联结意味着保持关注和交流，保证他们的安全，帮助他们恢复冷静。这是作为父母要努力实现的最终平衡——开放式反应，即联结与区分的平衡点（见图2-4）。

找到联结与区分的平衡点很难，任何父母都不可能时时刻刻做到最好。有时我们和孩子区分得太开，会造成对他们情绪的轻视（见图2-5）。

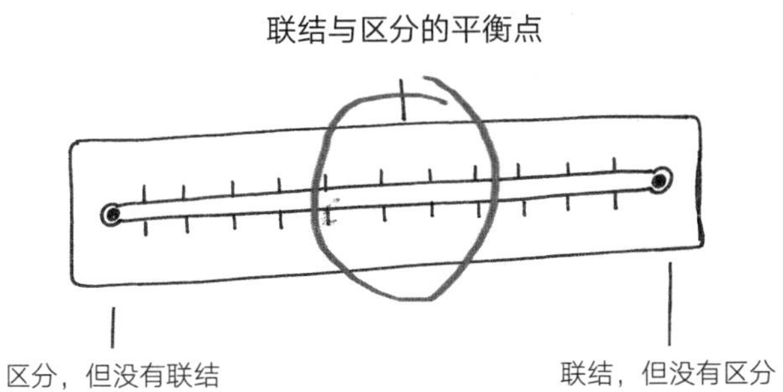


**图2-4　整合程度的变化范围**

父母对孩子情绪的轻视会导致：

轻描淡写

批评 / 羞辱

疏远

**图 2-5　过度区分**

有时我们又和孩子联结得太紧密，没有留出足够的空间（见图 2-6）。

有时我们联结过度，没有进行必要的区分：

**图 2-6　过度联结**

过度联结或过度区分都会给父母和孩子带来问题。因此了解你的教养方式处在这个范围中的哪个位置会很有帮助。如图 2-7 所示，你会把自己放置在什么地方？你通常更趋近联结，还是更趋近区分？你距离两个极端分别有多远？

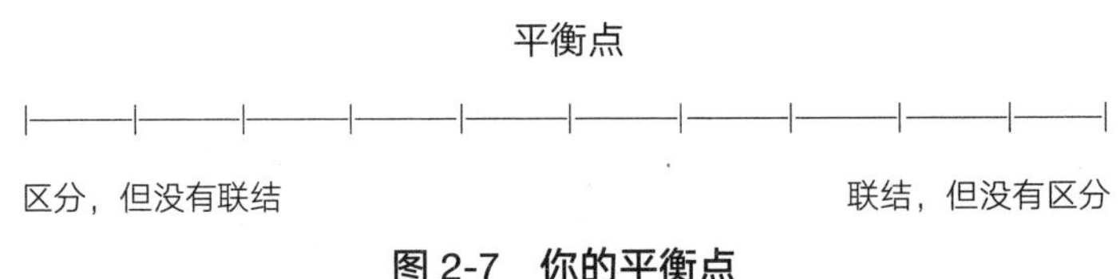


**图 2-7　你的平衡点**

请记住联结与区分的概念，我们接下来的探讨会涉及它。

## 联结，还是陷进去了

父母和孩子的关系过于紧密，当孩子表达一些情绪或表现出个性时，父母会感到不舒服，这就是陷进去了。陷进去的父母难以容忍孩子心情不好或产生挣扎，所以他们经常会代替孩子行事，把孩子从困难中救出来，而不是让他们去感受、试错和学习。他们恨不能用“气泡膜”把孩子包裹起来（见图 2-8），避免孩子面对任何难题。陷进去的父母很难承认他们的孩子是独立的个体，具有自己的意愿、需求、情绪和思想。

如果你在图 2-7 中的位置更靠近联结的一端，那么对于你的孩子来说，你认为这种教养方式的利弊分别是什么？联结当然是有益的，但有时候你是否参与得太深了？你在童年接受的教养方式是否使你很难将你的感受和孩子的感受区分开？你是否很难做到让孩子自己承受痛苦？孩子的挫折是否好像映射了你自己的挫折？你是否觉得孩子可以自在地和你分享他的情绪和忧虑？他是会征求你的建议，还是会期待你来替他解决问题？

**图 2-8　被“气泡膜”包裹的孩子**

花点时间想想这些问题，思考它们对你的亲子关系有什么影响。你的亲子关系模式对养育孩子很有益吗？为什么？把你的想法和答案写在下面的横线上。

________________________________

________________________________

________________________________

________________________________

有没有哪些情况让你觉得自己陷入了孩子的情绪或困难？如果是，具体是什么情况？为了和孩子更加区分开来，让自己更接近平衡点，你需要什么帮助？

________________________________

________________________________

________________________________

________________________________

## 区分，还是疏远

整合程度变化范围的另一端是父母和孩子区分得太开，以至于疏远了孩子。如果你觉得你的位置更倾向于区分一端，那么你认为这种教养方式的利弊分别是什么？当孩子表现出各种情绪时，你是否能泰然处之？你觉得自己能理解他的情感需求或动机吗？他能维护自己的利益吗？你觉得他算独立吗？他是否能自在地和你分享他的感受？你和孩子之间能自然地用身体动作或言语表达爱吗？他是否会征求你的意见，告诉你他的担忧？

仔细阅读这些问题，想一想你和孩子的区分程度，思考你的教养方式在帮助孩子保持平衡方面效果如何。

______________________________

______________________________

______________________________

______________________________

哪些情况让你觉得自己和孩子太疏远？如果有，具体是什么情况？为了和孩子更亲密，更接近平衡点，你能做什么，需要什么帮助？

______________________________

______________________________

______________________________

______________________________

显然，整合程度变化范围的两个极端都不是理想的教养方式。一开始你会觉得改变根深蒂固的行为模式很难，但找到平衡状态会让你长期受益，并且处于平衡状态的父母和孩子都能够各得其所（见图 2-9）。

联结不足

区分不足

**图 2-9　避免整合程度变化范围的两个极端**

## 平衡的日程安排，平衡的大脑

除了情绪调节之外，平衡力的另一个方面是平衡的生活。如今父母们的一个共同难题是如何既让孩子有机会发掘自己的天赋，做自己热爱的事情，又让他们有喘息的时间，不会把日程安排得太满。我们都想为孩子提供最好的一切，却很难合理安排孩子的时间。理想的日程安排能让孩子有机会通过各种方式来练习情绪调节能力，比如和朋友相处、随意地玩耍、享受空闲时间，这样他们才有能力去实现自己设定的目标。

在详细探讨之前，请先想一想你自己的日程安排。以下哪种说法能最准确地描述你家的日程安排：

- 节奏太慢；
- 可以安排更多活动；
- 很合理；
- 也许太繁忙了；
- 忙到喘不过气儿。

社会改变了，人们重视的事情改变了，玩耍的性质以及它在人们心目中的重要性也随之改变了。自由地、随性地玩耍和探索，被上课、练习、活动、电子产品、社交媒体等所取代。在《如何让孩子自觉又主动》中我们谈到过，很多科学研究证明了玩耍相当重要，尤其在儿童的各个发展阶段，玩耍是不可或缺的。

思考一下孩子的日程安排，你觉得在安排好的活动之外，他们是否有足够的时间玩耍，是否有足够的时间探索自己真正想做什么，空闲时间在他们的日程中占百分之几？在空闲时间里，他们需要考虑怎么度过这段时间，甚至可能要应对无聊，但这对孩子是有益的。接下来让我们看看你家一周通常的日程安排。

在这项练习中你需要使用两种颜色的笔。用其中一种颜色涂计划好的活动（上学、钢琴课、绘画课、写作业、练习棒球），用另一种颜色涂孩子没有被安排活动的时间，他们可以利用这些空闲时间和朋友玩、修理东西、做手工、纯娱乐地读读写写、画画、在户外玩。我们提供了两个例子，帮助你了解该怎么填写。看完例子之后，请在表 2-2 中的空白部分填写你孩子一周的日程安排。

**表 2-2　孩子一周的日程**

图例：活动 □　空闲时间 ■　睡觉 □

| 星期 | 时间 | 活动 | 时间 | 活动 | 时间 | 活动 |
|---|---|---|---|---|---|---|
| 星期六 | 上午 6:00 | | 中午 12:00 | 空闲 | 下午 6:00 | 吃晚餐 |
| | 上午 7:00 | | 下午 1:00 | 吃午餐 | 晚上 7:00 | 空闲 |
| | 上午 8:00 | 吃早餐 | 下午 2:00 | 坐车 | 晚上 8:00 | 空闲 |
| | 上午 9:00 | 练习足球 | 下午 3:00 | 看医生 | 晚上 9:00 | |
| | 上午 10:00 | 练习足球 | 下午 4:00 | 空闲 | 晚上 10:00 | |
| | 上午 11:00 | 空闲 | 下午 5:00 | 练习钢琴 | 晚上 11:00 | |

| 星期 | 时间 | 活动 | 时间 | 活动 | 时间 | 活动 |
|---|---|---|---|---|---|---|
| 星期三 | 上午 7:00 | 吃早餐 | 下午 2:30 | 放学 | 晚上 7:00 | 空闲 |
| | 上午 8:00 | 上学 | 下午 3:00 | 绘画课 | 晚上 8:30 | 上床睡觉 |
| | | 上学 | 下午 4:00 | 绘画课 | | |
| | | 上学 | 下午 4:30 | 写作业 | | |
| | | 上学 | 下午 5:30 | 写作业 | | |
| | | 上学 | 下午 6:00 | 吃晚餐 | | |
| | | 上学 | 下午 6:30 | 空闲 | | |

**续表**

| 星期 | 时间 | 活动 | 时间 | 活动 | 时间 | 活动 |
|---|---|---|---|---|---|---|
| | | | | | | |
| | | | | | | |
| | | | | | | |
| | | | | | | |
| | | | | | | |
| | | | | | | |
| | | | | | | |

| 星期 | 时间 | 活动 | 时间 | 活动 | 时间 | 活动 |
|---|---|---|---|---|---|---|
| | | | | | | |
| | | | | | | |
| | | | | | | |
| | | | | | | |
| | | | | | | |
| | | | | | | |
| | | | | | | |

| 星期 | 时间 | 活动 | 时间 | 活动 | 时间 | 活动 |
|---|---|---|---|---|---|---|
| | | | | | | |
| | | | | | | |
| | | | | | | |
| | | | | | | |
| | | | | | | |
| | | | | | | |
| | | | | | | |

续表

| 星期 | 时间 | 活动 | 时间 | 活动 | 时间 | 活动 |
|---|---|---|---|---|---|---|
| | | | | | | |
| | | | | | | |
| | | | | | | |
| | | | | | | |
| | | | | | | |
| | | | | | | |
| | | | | | | |

| 星期 | 时间 | 活动 | 时间 | 活动 | 时间 | 活动 |
|---|---|---|---|---|---|---|
| | | | | | | |
| | | | | | | |
| | | | | | | |
| | | | | | | |
| | | | | | | |
| | | | | | | |
| | | | | | | |

| 星期 | 时间 | 活动 | 时间 | 活动 | 时间 | 活动 |
|---|---|---|---|---|---|---|
| | | | | | | |
| | | | | | | |
| | | | | | | |
| | | | | | | |
| | | | | | | |
| | | | | | | |
| | | | | | | |

续表

| 星期 | 时间 | 活动 | 时间 | 活动 | 时间 | 活动 |
|---|---|---|---|---|---|---|
| | | | | | | |
| | | | | | | |
| | | | | | | |
| | | | | | | |
| | | | | | | |
| | | | | | | |
| | | | | | | |

这项练习的目的是让你对孩子的日程安排有一个直观的认识。日程是否过满？这样安排，孩子有充足的空闲时间吗？如何改进能让日程安排更平衡？回想一下孩子的情绪和行为，你是否觉得应该把孩子的空闲时间分散在一天中的不同时段，而不应该集中在一天结束时？孩子能得到足够的睡眠吗？

根据表 2-2，在下面的横线上写一写你觉得还不错的地方，以及你希望改进的地方。

______________________________

______________________________

______________________________

我们并没有说，安排得满满当当的日程就一定很糟糕，只是说空闲时间很重要。孩子在玩耍中能够养成很多技能，在未来人生中，他们需要这些技能（见图 2-10）。

有些孩子能从满满的日程中获益，但对有些孩子来说是有害的。以下问题能帮助你判断孩子的日程是否被安排得太满了。

**图 2-10　玩耍的作用**

1. 我的孩子看起来经常很疲惫或脾气暴躁吗？

   有没有表现出其他不平衡的迹象，比如压力很大或感到焦虑？我的孩子是否身心交瘁？

2. 我的孩子是否太忙，没有时间玩，没有时间发挥创造力？
3. 我的孩子睡眠充足吗？

   如果孩子参加了太多活动，到了上床睡觉时间才开始写作业，那就成问题了。

4. 孩子的日程安排是否太满，没有时间和朋友或兄弟姐妹出去玩？
5. 我们是否都很忙，很少在一起吃晚饭？

   不必每顿饭都一起吃，但如果很少一起吃饭，那就需要担心了。

6. 有没有总对孩子说“快点，快点”？
7. 我自己是不是太忙，压力太大？在和孩子交流时，是不是常常没耐心，或者有口无心？

花点时间回答这些问题。目前你家的生活节奏是否让你感到担心？你认为有需要改变的地方吗？

## 你能做什么：用开放式大脑策略促进平衡力

本书每章的结尾，我们都会探讨提升开放式大脑四项特质的具体策略。

### 开放式大脑策略 1：科学睡眠

睡眠很重要，对此我们太熟悉了。你对让孩子获得充足的睡眠有多重视？表 2-3 是美国睡眠医学会推荐的各个年龄段的睡眠时间，这份建议也得到了美国儿科学会的认可。

表 2-3　孩子需要多少睡眠时间

| 年龄 | 建议睡眠时间（小时） |
| --- | --- |
| 4 ～ 12 个月 | 12 ～ 16（包括小睡） |
| 1 ～ 2 岁 | 11 ～ 14（包括小睡） |
| 3 ～ 5 岁 | 10 ～ 13（包括小睡） |
| 6 ～ 12 岁 | 9 ～ 12 |
| 13 ～ 18 岁 | 8 ～ 10 |

注：表中数据只是建议。每个孩子都不一样，对睡眠的需求也不一样。

你家在达成这些睡眠要求上做得如何？你认为你的家人是否获得了他们需要的睡眠时间？谁睡眠充足，谁睡得不够？具体原因是什么？把你的回答写在下面的横线上。

________________________________________

________________________________________

________________________________________

在《如何让孩子自觉又主动》中，我们强调了几个有可能妨碍孩子获得充足睡眠的因素。在阅读这些因素时，思考每个因素对你的家人的睡眠有什么影响，你可以采取哪些措施来解决这个问题。如果某个因素能引起你的共鸣，那么请在空白处填写你家的情况。

### 日程安排得太满

- 是否活动太多，上床睡觉时间被一推再推？

我们今天的日程安排似乎很________（形容词）。

__________（某个家庭成员）有_____（数字）项活动。我们会在______（时间）到家。

这意味着我们会在______（时间）上床睡觉。

我希望的上床时间是______（时间）。

为了实现这个愿望，我会______________________________。

我可能还需要____________________________________。

做出这些改变会增加孩子的睡眠时间，从而会______________。

### 混乱或嘈杂的环境

- 家里或邻居是否使睡眠环境太吵或太亮？
- 家里的其他人（包括孩子的兄弟姐妹）是否让孩子没法睡觉？

家里和家周围的环境____________（形容词）。

孩子卧室的环境______________（形容词）。

孩子觉得当环境____________（形容词）时，他最容易入睡。我可以通过__________和__________为他创造这样的环境。

当我觉得靠自己很难做到时，我会向 ________（人）寻求帮助。

这些改变会增加孩子的睡眠时间，从而会______________________。

## 父母的工作时间

- 是否因为等爸爸或妈妈回家，所以孩子吃饭或上床睡觉的时间被拖得很晚？

_____________（某个家庭成员）________（时间）到家。

我们经常等着_________（同上个人）__________（活动）。

这意味着________（时间）才能上床睡觉。我希望的上床睡觉时间是_______（时间）。

为了实现这个愿望，我会_____________________________________。

我可能还需要__________________________________________。

为了让___________（同上个人）依然有时间陪伴孩子，我们可以_____________。

如果我需要帮助，我可以__________（动词）或__________（动词）。

这些改变会增加孩子的睡眠时间，从而会______________________。

## 临睡前的较量

- 上床睡觉是否会让孩子想到不好的事情，因此抗拒上床睡觉？
- 准备睡觉的程序是否太匆忙？

让孩子睡觉_______________（形容词）。

我们________（时间）开始睡觉前的准备工作。

一般来说，说完晚安后，我得回孩子的卧室______（数字）次，他才能入睡。

让孩子入睡通常需要________（数字）分钟。

我的孩子认为上床睡觉________（形容词）和________（形容词）。

____________（形容词）最能表达我在孩子上床睡觉前的心情。

在准备让孩子上床睡觉的时候，我常常___________（形容词）和_______（形容词）。

我想做出改变，让睡前的准备程序更__________（形容词）和_______（形容词）。

为了让孩子更正面地看待上床睡觉，我可以________和________。

为了使我的态度更积极正面，我可以___________和_____________。

这些改变会增加孩子的睡眠时间，从而会_______________________。

## 没有足够的“减速”时间

- 在睡觉前，我的孩子有足够的时间让自己平静下来、放松心情吗？

  孩子的上床睡觉时间是________（时间）。我们在________（时间）关闭电子产品。

  上床睡觉前的一个小时，孩子在________（活动），________（形容词）可以最好地反映他这个时候的心情。

  上床睡觉前的半个小时，孩子在________（活动），________（形容词）可以最好地反映他这个时候的心情。

  我希望在上床睡觉时孩子能更_________（形容词）和_________（形容词），为此我会________（动词）和________（动词）。

  如果要做出这些改变，我需要额外的支持，我会__________（动词）或________（动词）。

这些改变会增加孩子的睡眠时间，从而会____________________。

如你所见，很多因素会影响孩子是否能睡一晚上好觉。有些改变比较简单，而有些改变比较费劲，或者需要很多次才能进入正轨。当看到孩子的情绪、行为有所改善，更加能保持开放式大脑状态了，你就会遗憾怎么没早点开始改变。

## 开放式大脑策略 2：心智营养餐

为孩子提供均衡的饮食很重要，让他们的生活有利于发展平衡的心理和情绪也同样重要。这种生活模式就是我们所说的“心智营养餐”，如图 2-11 所示。

图 2-11　心智营养餐

从图 2-11 中你可以看到，每天进行 7 种重要的心智活动，能优化大脑，增强平衡力和幸福感。

- 专注时间：当我们为了达成目标而非常专注于任务时，大脑中就会形成深层的联结。
- 玩耍时间：当我们随性而为，发挥着创造力，或者以玩的心态感受新体验时，大脑中就会形成新的联结。
- 联结时间：当与他人交往，尤其是面对面交往时，当我们欣赏大自然，感受与大自然的关联时，大脑中的关系回路就会被激活和强化。
- 运动时间：当我们在身体条件允许的情况下进行有氧运动时，大脑的很多方面会得到强化。
- 内省时间：当我们静静地反思，聚焦于感觉、想象、情感和想法时，大脑会得到更好的整合。
- 放松时间：当我们没有明确的目标，思绪漫无目的地游荡，或者只是放松时，我们可以帮助大脑充电。
- 睡眠时间：我们为大脑提供它所需要的休息，便能巩固所学，让大脑得到恢复。

你的孩子和家人可能会很自然地从事其中一些活动，而另外一些活动则参与得不够。你觉得你能保证孩子从事哪些活动？

______________________________

______________________________

______________________________

你觉得需要在哪些方面加油，提高孩子的参与度？

______________________________

______________________________

______________________________

针对以上 7 项活动时间，你应该已经发现孩子的日程中缺乏哪方面的时间了，现在请思考一下是什么妨碍了你为孩子提供他所需要的活动？

你是否认为你或孩子的性格妨碍了你们从事这些活动？例如，你是否更喜欢内省时间或联结时间，不太喜欢运动时间？

相对于专注时间，你的孩子是否更容易接受发挥创造力的时间？如果性格是妨碍你的一部分原因，那么为了让孩子的活动安排得更平衡，你需要做出什么改变？

________________________________________

________________________________________

________________________________________

很多人认为必须用“才艺活动”填满孩子的时间，才能给孩子带来似锦的前程。你在多大程度上赞同下面这个观点：缩减运动时间或放松时间，增加专注时间可以带来更好的分数或更高的外在成就？

________________________________________

________________________________________

________________________________________

从追求成功的死循环中退出来对你来说有多难？你是否觉得在拿孩子的未来赌博？

________________________________________

________________________________________

________________________________________

为了让孩子的心智营养餐更均衡，你需要什么样的支持？你需要谁的帮助？哪些事是你必须要做的？

______________________________________________

______________________________________________

______________________________________________

当我们允许孩子从事各种各样的心智活动时，便会给他们提供在不同方面得到发展的机会，构建他们的大脑，使他们认识到并感受到健康而平衡的生活给自己带来的影响。

## 亲子互动：教给孩子平衡力

教孩子思考平衡这个概念，可以有效帮助孩子创造更平衡的生活。带着这种想法，我们绘制了以下插图，你可以和孩子一起看这些插图。这些插图主要是为 5 ～ 9 岁的孩子设计的，不过你完全可以根据你孩子的年龄进行调整。

感受自己的情绪

当你知道一切正常，你能很好地控制自己时，你是什么感觉？这时你处于绿色区。

但是有时你会心烦意乱，会很生气、害怕或紧张。你想大叫，你想大哭。这时你处于红色区。

或许当你心烦意乱时，想一个人待着，谁也不理。你可能感到身体像面条一样软弱无力。这时你处于蓝色区。

有个简单的办法可以帮你回到绿色区。坐下来，把一只手放在胸口，另一只手放在腹部，然后深呼吸。现在就试一试。感觉一下，是不是平静一些了？

今天晚上，当你觉得困了，眼皮发沉，身体开始放松时，再练习一下这种方法。以后每天晚上睡觉前都练习这种方法，感受它带给你的平静。

## 重回绿色区的练习

在学校里，当不被朋友邀请一起玩时，奥利维亚（Olivia）就会采用深呼吸的方法。被冷落让人很难过，她觉得自己进入了蓝色区。她开始哭，希望自己能消失。

奥利维亚意识到这是蓝色区的感觉。她把一只手放在胸口，另一只手放在腹部，深呼吸。她立即觉得好多了，重新回到了绿色区。她依然有一点难过，但她知道自己会没事。

下次遇到让你难过、生气或害怕的事情时，试一试这种方法。通过练习，每当你需要时，你都可以用这种方法重新回到绿色区。

对于大多数孩子来说，帮助他们理解平衡这一概念的第一步是教他们认识失去平衡的感觉。这往往始于鼓励他们谈论自己的感受，扩展描述感受的词汇，而不只是用“好”和“坏”来描述。然后通过深呼吸、身体接触、正念等方法来帮助他们恢复平静。一旦他们恢复了平静，就引导他们谈论处在绿色区、红色区或蓝色区中时不同的感受。用言语表达情绪能快速减少情绪对孩子的影响，能使孩子很快回到绿色区。

用心地自我同情非常有助于孩子恢复平衡。为了帮助孩子理解自我同情这种方法，你可以解释说就是像对待朋友一样对待自己。用心意味着感知自己在当时的情感，自我同情意味着问自己当时需要什么。

例如，如果犯错误是容易让孩子陷入红色区或蓝色区的事情，那么让他想象犯错误的是自己的一位朋友。为了让朋友感觉好些，他会对朋友怎么说？

他会说“你出错是因为你太笨了。你从来都做不对。你永远不明白怎么能把事情做对，因为你就是个笨蛋”吗？当然不会，然而我们常常对自己这么说，对朋友则更有可能会说“人人都会犯错，没关系，没什么大不了。只要从错误中学习如何做得更好就行了”。

了解这种方法后，你可以让孩子给自己写封信（或者帮他们写），设想他们在和一位朋友交谈，让他们想象朋友正在经受与他们同样的情感折磨——正是这种情感把你的孩子甩出了绿色区。

为了让孩子感觉好些，你会对他们说什么？

________________________________________

________________________________________

________________________________________

你会怎么鼓励他们？

为了帮助他们恢复平静，重新回到绿色区，你会说什么？

研究显示，我们对自己的说话方式会长期影响我们如何看待自己。写信这个练习能把这种对话转变成具有同情性的自我对话。你要鼓励孩子像对朋友说话那样对自己说话，要温和而友善。在心烦意乱的时候，这种充满理解的自我对话有助于孩子恢复平静，一段时间后，再面对挑战时，他们会表现出更强的复原力。

## 父母成长：提升自己的平衡力

《如何让孩子自觉又主动》每一章的结尾都会帮助父母思考如何将该章中的概念运用到自己的生活中。同样，在这里我们希望帮助你思考你自己的生活是否平衡。

大多数成年人每天都承受着一定程度的压力，要应对很多事情。孩子、亲戚、工作、社区事务等，都有可能阻碍你保持内心的平衡。很多父母把自己的身心健康排在所有事情的最后。

你的生活平衡吗？你的心智活动健康吗？你的生活中常常包含心智营养餐中的 7 种重要的活动吗？哪些活动对你来说就像生活的一部分？哪些

活动比较难进入你的生活？

回想你之前回答的问题，是什么事情妨碍了你为孩子提供完整的“心智营养餐”？同样，这些障碍是否也在不同程度上妨碍了你自己的“心智营养餐”？你需要怎么做才能把这 7 种活动融入一天之中？思考几分钟，把你的想法写在横线上。

______________________________________________

______________________________________________

______________________________________________

接下来，我们把下文的饼图（见图 2-12）分成 24 份，每份代表一个小时。以你通常的一天为例，在其中填入你的专注时间、放松时间、玩耍时间等。一定要记住，没有完美的父母，因此不要强迫自己（或孩子）时时刻刻都能保持平衡。但是努力实现平衡能帮助你形成开放式大脑，这当然也能帮助你的孩子形成开放式大脑。

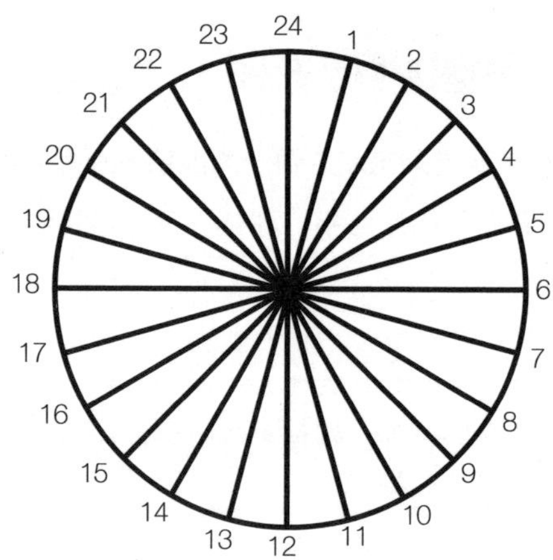


**图 2-12　时间分配图**

审视你的饼图，它看起来平衡吗？你是否觉得应该做些改变，填进一些被遗漏的活动，或者减少在某些活动上花费的时间，增加另外一些活动的时间？想一想这些问题，然后在下面空白的饼图（见图 2-13）中填入改进后的版本。

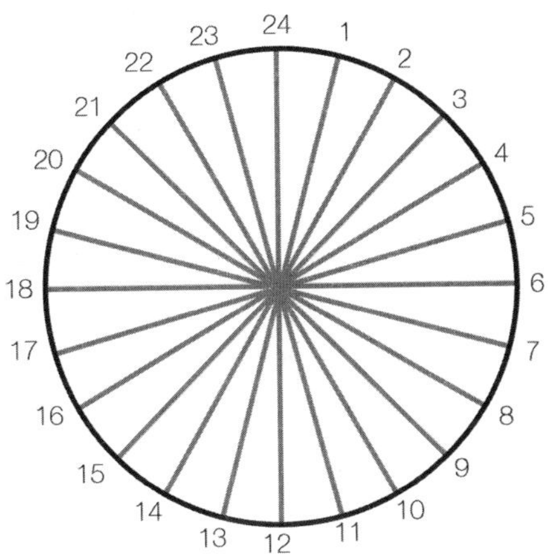


**图 2-13　改进后的时间分配图**

继续改进你的时间安排，直到你觉得它接近平衡了，而且是你可以坚持下去的时间安排。一开始你可以做出小的改变，比如增加 20 分钟的放松时间或运动时间，或者减少 30 分钟的专注时间。记住，你的目的不是达到完美，而是平衡。最终目标是使我们的身心更健康。

一旦你制订了自己可以坚持的计划，按计划执行几天，把每一天里你注意到的情况记录下来。你的身体感觉有变化吗？如果有，是什么变化？你和家人的互动方式有变化吗？你注意到了什么变化？你的时间分配图还需要调整吗？你想进行什么样的调整？你怎么能实现这些调整？

持续记录下去，随着你不断强化这些行为，记录下所发生的积极改变，也要把困难记下来，这样你会意识到你还需要做出哪些改变。你可以把记录填写在这里，也可以另外准备一个小笔记本。

实现平衡需要一个过程。但你会注意到哪怕微小的进步也能带来巨大的改变。坚持下去！

THE YES BRAIN WORKBOOK

第 3 章

# 复原力

孩子对艰难困苦和不良情绪的容忍窗越宽，面对逆境时就越坚忍，越勇于主动迎接挑战。这样的孩子在遇到事情不顺利时才不会崩溃。复原力与重回绿色区有关，它代表恢复的能力——从混乱或刻板状态恢复到容忍窗内的平衡状态。

——《如何让孩子自觉又主动》

开放式大脑的第二个基本特质是复原力。在第2章中我们探讨了如何帮助孩子保持平衡，因此当事情不如意时，他们能更好地待在绿色区。本章我们将探讨如何培养孩子的复原力和坚韧性，这不仅关系到如何让孩子保持在绿色区中，还关系到如何扩展和强化绿色区。扩大孩子对艰难困苦和不良情绪的容忍窗，这样在面对逆境时，他们就会表现出更强的复原力。

防御式大脑会使孩子无法控制自己的身体、情绪，无法做出明智决定。当陷入这种状态时，担忧和焦虑会让他们觉得好像事事都严重到他们无法应对。我们希望培养孩子的复原力，希望孩子知道自己能够拥有走出困境的能力。

## 目标：培养能力，而不是消除不当行为

暂时想象一下：你的孩子正在做你不喜欢的行为，如和兄弟姐妹打架，睡觉前不肯洗澡，或者和你争执他们看电视的时间太少……

当孩子产生愤怒、沮丧、羞赧等情绪时，你会产生什么情绪？把你的想

法写在下面的横线上。

________________________________________

________________________________________

当孩子行为不当时，你会怎么看待他？（例如："他总是很粗鲁。""当得不到自己想要的东西时，她为什么总变得这么讨厌？""真荒唐，为什么他们就不能按我说的把房间打扫干净？""她就是被惯坏了。"）我们知道你并不会总这样看待孩子，有时对孩子感到失望是很正常的情绪反应，有些父母在孩子反复不听话时就会产生上述想法。尽可能忠于自己的感受，把你的内心独白写在下面的横线上。

________________________________________

________________________________________

________________________________________

当孩子做出你不喜欢的行为时，你对此管教的主要目的是什么？（例如：尽快制止这种行为，提醒孩子遵守规则，展示自己是优秀的父母，控制孩子，教育孩子）。把你的目的写在下面的横线上。

________________________________________

________________________________________

________________________________________

大多数人在孩子做出自己不喜欢的举动时，他们无意识的第一反应是让这种行为停止。虽然我们能够理解父母们的这种反应，但一定要记住，行为即沟通。问题行为的出现是孩子在以他们的方式告诉我们，他们需要在我们的帮助下培养某种相关技能。你的目标不应该只注重如何阻止行为，而应该注重培养孩子尚未掌握的技能，这样下次遇到类似情况时，他们就有了有效的应对工具，或者随着他们的成长而逐渐掌握了相应的能力（见图 3-1、图 3-2）。

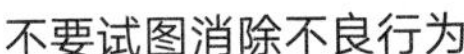
不要试图消除不良行为

培养技能，提升复原力，促进心理健康

**图 3-1　应对孩子的行为问题**

不要只关注消除问题

把行为看成是一种沟通，注重培养技能

**图 3-2　行为是一种沟通方式**

“不是孩子要找你麻烦，而是他们遇到了麻烦”这句话恰当地描述了这种情形。作为父母，关键是能够转换视角，对孩子的需求做出回应，而不是对孩子的行为做出冲动的反应。为此，最好的做法之一是重构我们谈论孩子行为时所使用的语言。

在本章前面的部分，我们让你写过当孩子做出你不喜欢的行为时，你会怎么看待他们。如果有时你的想法类似“他这样做就是为了吸引注意力”或者“她太跋扈了”，那让我们看看如何能重构这种想法。

在表 3-1 的第 1 栏中写出当孩子做出你不喜欢的行为时，你所产生的想法。这些可以是你内心的想法，或者是你和别人谈论此事时的说法。在第 2 栏中填写重构后的想法，带着好奇的心态看待行为发生时的情境。最后在第 3 栏中记录如何帮助孩子培养他需要学习的技能。我们提供了两个例子，还留出一些空白让你填写自己的内容。

**表 3-1　重构你对孩子的认识**

| 内心独白 | 重构 | 技能 |
| --- | --- | --- |
| 她总是很专横跋扈，每次她对我提出要求时，我都会非常厌烦 | 耐心对她来说太难了，我不知道怎样才能让她学会等待，而不是心烦意乱 | 她需要耐心；可以一起做需要耐心才能取得成果的事情，比如烘焙；当她能够等待时，要给予积极的肯定；从小事做起，因为五分钟对孩子来说，感觉可能像几个小时 |
| 他容易发火，这个毛病会给他带来很多麻烦 | 他一生气就控制不了自己；他需要练习如何表达强烈的情绪，同时还不会伤害到别人；他需要学会如何以更恰当的方式表达愤怒 | 以健康的方式表达情感；我们可以谈一谈非常生气是种什么感觉；一起动脑筋，想想各种各样的表达方式，而不是打人；再生气时，练习通过跑跑跳跳或做点其他事情来平息怒火 |

**续表**

| 内心独白 | 重构 | 技能 |
| --- | --- | --- |
| | | |
| | | |

通过探究孩子行为背后的原因，你的思维模式会发生改变，你不再只是希望不良行为消失，而是开始帮助孩子学习他们缺失的技能。在你持续运用这种方法一段时间后，不良行为会发生得越来越少，因为孩子不再需要那样做了。孩子会继续发展他们的开放式大脑，复原力也同时得到了培养。

## 复原力，接纳性，扩展绿色区

在谈论复原力时，我们的基本目的是帮助孩子接纳而不是回击生活中发生的事情。回击反映了孩子无法接受事情没有按他们所希望的那样发展。他们总是受环境左右，环境包括其他人、各类事件、计划的改变，等等。而接纳使孩子能够观察和评估环境，然后选择正确的回应方式。

回击　阻碍　复原力
接纳　促进　复原力

这就是为什么我们要首先探讨平衡力。如果孩子是平衡的，能够控制自己的情绪，那他们的接纳性会更好，他们通常会保持待在绿色区。在绿色区时，孩子依然会感受到强烈的情感，但他们比较容易保持平衡，比较容易调用上层脑（做出好决定，倾听，理解，考虑到后果）。

因此，我们的长期目标是扩展绿色区，使接纳性和复原力成为默认反应。

短期目标：让孩子变得更平衡，回到绿色区

长期目标：扩展绿色区，培养复原力

随着孩子不断学习如何回到绿色区，他们的容忍窗会变大。随着容忍窗变大，他们便更有能力应对挫折、情绪风暴或人生困境（见图 3-3）。

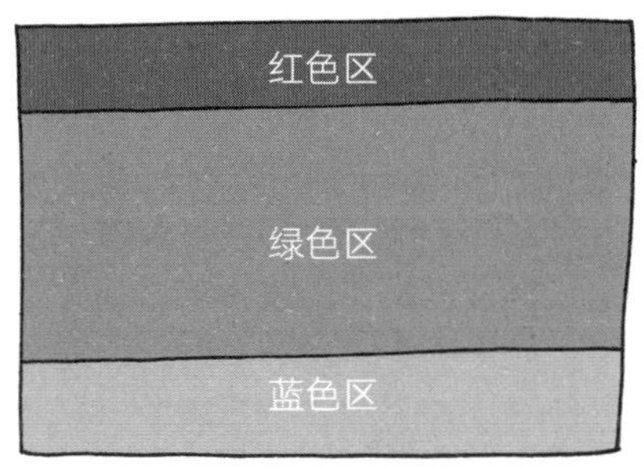


**图 3-3 扩展绿色区**

我们在前文中问过，当你的孩子偏离绿色区后，他是否比较容易调整回来。这个问题更多地涉及恢复平衡的能力。在这个练习中，我们希望你更多地思考孩子的绿色区有多大。在情况艰难时，他很容易失去控制吗？绿色区太小会让任何人的生活都不好过，所以你要搞明白自己孩子的绿色区有多大，从而更好地帮助他。

那么，什么事会把你的孩子挤出绿色区呢？可能是内部触发因素，比如压力、焦虑、痛苦或失控感；也可能是外部触发因素，比如被评头论足、长时间孤独、巨大的噪声、拥挤的空间等；还有可能是二者兼有。借此机会想一想什么事情会让孩子进入红色区或蓝色区，把它们写在下面的横线上。

______________________________________________

______________________________________________

______________________________________________

## 让孩子面对困难和挑战

想要扩大孩子的容忍窗，其中一种办法是让孩子面对逆境，让他们感受消极情绪，甚至是失败。父母当然不愿孩子遭受痛苦和失望，但如果在父母的引导下，孩子明白他们有能力克服困难，从失败的阴影中恢复，那最终他们将能形成坚韧的开放式大脑。

我们的意思不是让你把孩子扔在困境中苦苦挣扎，不闻不问，而是建议你思考一下，在孩子应对挫折和失败时，除了你实际提供的保护或救助，是否还给予了关切与支持（见图 3-4）。

**图 3-4（1） 扩展绿色区的方法**

图 3-4（2） 扩展绿色区的方法

我们都希望给予孩子最好的，因此有时很难发现自己已经做得太多，剥夺了孩子迎难而上，靠自己解决难题的机会。让我们看一看当孩子陷入困境时，你是如何回应的。下文有几道测试题，其中有多少陈述能够准确描述你教养孩子的方式？

**测一测**

1. **我没法忍受看着孩子苦苦挣扎。**

   A. 同意　　　　B. 不同意

2. **我没法忍受孩子的失败。**

   A. 同意　　　　B. 不同意

3. **其他成年人对待我孩子的方式常常令我不满，我会进行干预。**

A. 同意　　　　B. 不同意

4. **我很难让孩子自己做选择。**

A. 同意　　　　B. 不同意

5. **在一些小事上，我也会和孩子争夺控制权。**

A. 同意　　　　B. 不同意

6. **我对孩子的某些担心似乎其他父母并没有。**

A. 同意　　　　B. 不同意

7. **我有时会想我对孩子的期望是不是太高了。**

A. 同意　　　　B. 不同意

8. **我有时会想我对孩子的期望是不是太低了。**

A. 同意　　　　B. 不同意

9. **我的孩子没什么责任心。**

A. 同意　　　　B. 不同意

10. **我经常不等孩子开口就主动帮助他。**

A. 同意　　　　B. 不同意

所有这些问题都是父母过度教养的表现。

你对其中多少个陈述表示赞同？__________

有些陈述是否惊到你了？

______________________________________________

______________________________________________

你觉得自己在哪些方面比较容易做出改变？

______________________________________________

______________________________________________

哪些方面对你来说比较难改变？

______________________________________________

______________________________________________

你是否看出因为你为孩子做得太多，结果妨碍了他学习和形成相应的技能？解释一下你是如何妨碍他的。

______________________________________________

______________________________________________

父母过度教养的原因有很多。有些父母是为了减轻自己的不安，因为他们受不了孩子受苦。有些父母会通过事无巨细地管孩子来减轻自己的焦虑，有些父母对分清自己与孩子的责任分工感到内疚。父母的出发点通常是好的，但长期来看这样做对孩子不利。我们追求的不是打造完美的孩子，而是培养他们的平衡力与复原力。允许孩子尝试、犯错，让他们看到自己有能力从失败中振作，这能扩大他们的容忍窗（绿色区）。孩子的绿色区越大，他们就越能承受挫折，战胜挫折。

## “推一把，拉一把”

你应该还记得“推一把，拉一把”这个短语，意思是知道什么时候该提供帮助，什么时候该让孩子自己去克服困难。有时候孩子需要一些练习才能走出自己的舒适区（这是“推一把”）；有时候困难太大，他们无法自己应对，需要额外的支持（这是“拉一把”）。记住，“推一把”仅适用于孩子的神经系统能够承受的事情。如果他们被困难彻底击垮，进入红色区或蓝色区，此时就需要“拉一把”，一点点实现你的教养目标（见图 3-5）。

当孩子面对挑战时，你认为应该更多地“推一把”，还是更多地“拉一把”？大多数孩子需要的是两者的结合，想一想你的孩子更有可能需要什么。这个答案不容易找到，但以下问题能帮助你想得更清楚。

孩子的性格是怎样的？他处于哪个发展阶段？目前他需要什么？如果想知道孩子真正的内心感受，应该关注他的行为、言语、表情等传递出的信号，而不是你认为他们应该有的感受。

________________________________________

________________________________________

________________________________________

你清楚真正的问题是什么吗？和你的孩子谈一谈，弄明白真正的问题是什么（它可能不同于你的推测）。然后你可以帮助他解决问题。

________________________________________

________________________________________

________________________________________

有时孩子需要父母拉一把

**图 3-5　推一把和拉一把**

对于冒险和失败，你明示和暗示出来的态度是怎样的？例如，“要小心谨慎，避免失败”，或者“换个角度思考，也许失败也是一种学习，应该坦然接受”。

为了应对未来可能发生的（不可避免的）失败，你的孩子需要什么技能？你的目的不是保护孩子免受失败，而是帮助他培养战胜逆境的能力。

在帮助孩子回到绿色区并扩展绿色区方面，你为孩子提供了什么样的方法？例如，在滑入红色区或蓝色区时，你如何帮助他让自己平静下来，重新获得自控能力？

记住，每个孩子都不一样，而且很复杂。你要根据每一种情境，针对自己孩子的特点，找到此时此刻什么对他最有益，什么能给他带来成长，什么能拓展他的能力。

## 你能做什么：提升复原力的开放式大脑策略

### 开放式大脑策略 3：良好的亲子关系

亲子关系是培养复原力的关键。当孩子感到被接纳，知道有人在背后支持自己时，他们会更有信心应对新的挑战或难题。这种关爱能够让孩子体验到 4S（见图 3-6）。

Safe 安全

Seen 被关注

Soothed 被安慰

Secure 可靠

**图 3-6　让孩子沐浴在 4S 中**

当 4S 持续地（但并不完美）存在于孩子的生活中，他们就会知道自己拥有一个安全基地，可以从这里出发去探险；一旦情况太艰难，他们还可以回到这里。有了这个安全基地，孩子便敢于探索未知，充满信心，坚韧不拔，能够应对生活抛给他们的任何难题。父母当然知道安全、被关注、被安慰和可靠这些词是什么意思，但当用在孩子身上时，我们提出以下新的定义：

- 安全：他们感到自己是被保护的，可以免受伤害。
- 被关注：他们知道你关心、理解、在意他们。
- 被安慰：当他们受伤害时，他们知道你会站在他们身边，帮助他们。
- 可靠：从安全、被关注、被安慰中发展而来，他们相信你可以让他们觉得这个世界就像家一样，然后学会让自己获得安全感，拥有被关注、被安慰的感觉。当孩子逐渐意识到，即使安全、被关注、被安慰被破坏，也一定可以修复，关系可以重新建立，他们便会产生可靠感。

想一想，孩子每天都能体会到4S吗？在这一点上你觉得自己做得如何？做这个练习需要用到两种不同颜色的笔。一种颜色代表你，另一种颜色代表你的孩子。在图3-7中，用代表你的颜色的笔，对4S中的每一项给自己打分。然后，用代表孩子的颜色的笔，对应每一项S的需求给他打分。例如，有些孩子天生就比较有安全感；你也许在让孩子感到安全方面做得非常好，但在给予安慰方面做得不够。我们同样提供了一个示例。

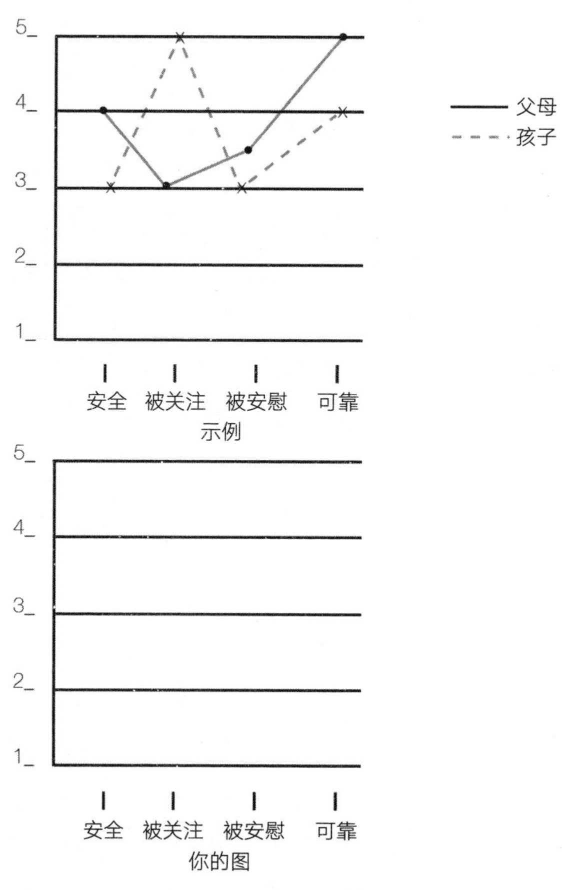


**图3-7　你与孩子的4S图**

你已经绘制出了你的 4S 图，那么，请想一想：哪些方面你应该多做一些，哪些方面应该少做一些，从而能与孩子的需求相匹配？在下面的横线上写出为了做出这些改变你可以采取的具体步骤，如关注孩子的兴趣，花时间进行面对面的交流，吵架后及时和解等。步骤越具体，你就越有可能实现改变。

______________________________________________

______________________________________________

______________________________________________

______________________________________________

## 开放式大脑策略 4：培养第七感

第七感是我杜撰出来的词，简单来说就是感知和理解自己的心理以及他人心理的能力。帮助孩子培养第七感的技能，能让他们更有能力控制自己的情绪和冲动，能让他们更充分地理解自己的心理和身体，改善他们与其他人的关系。

几乎我们所有的著述强调的都是这个概念，因为它涉及洞察、共情和整合所需的重要技能。这些技能帮助孩子学会监控并改变他们的内在体验。一旦获得了这种能力，孩子就能够拥有理解并驾驭心智的力量，从而改变他们对情境的看法和反应。换言之，他们能扩展自己的绿色区。

接下来，我们会介绍几种方法，帮助孩子在遭遇困境时控制自己的行为。

### 苏格拉底式提问

我们要告诉孩子：我们在某个时刻的感受是由自己的想法驱动的，有时我们甚至没有意识到自己有这样的想法。想法只是想法，不一定是真的。苏格拉底式提问可以避免冲动的反应，促使你探究令自己陷入红色区或蓝色区的想法。

当孩子发现自己陷入防御式大脑状态时，首先问一问他们有什么样的消极想法？如我不擅长运动，我考试会不及格，朋友不再喜欢我了……

这是一种批判性思维，能拓宽他们的视角，因此有助于扩大他们的容忍窗。他们不再会轻易因为烦躁的情绪和困难的挑战而崩溃，更有可能保持在绿色区中（或更容易回到绿色区）。

把应该被质疑的想法写在下面的横线上。

______________________________

______________________________

让孩子质疑这个想法（可以根据孩子的年龄调整所使用的语言）：有什么论据可以支持这个想法？有什么论据可以反驳吗？

______________________________

______________________________

这种想法是基于事实，还是基于情感？

______________________________

______________________________

我是否有可能曲解了论据？我的想法是否只是一种假设？

______________________________

______________________________

其他人对这种情况是否会有不同的看法？他们会怎么诠释这些论据？

我考虑到了所有论据吗，还是只考虑了那些能支持我的想法的论据？

是否有人把这种想法灌输给我？如果是，他们的信息来源可靠吗？

我的想法是否只是对事实的夸大？

我的想法是否是出于自己的习惯？有任何事实可以支撑它吗？

我的想法是否只是各种可能性之一，甚至是其中最糟糕的那一种？

## 五个关注点

这是一个能帮你恢复平静的简单练习，特别有助于控制狂乱的思绪，缓解焦虑和压力。它是一种正念练习，通过调动五感把你带回当下。

- 环顾四周，说出你看到的 5 种东西。尽量慢慢地来，留意每一件东西。
- 接下来，说出你听到的 4 种声音，同样地，专注于这些声音。
- 现在说出你能感觉到的 3 种东西（如裤子的腰带、你坐着的椅子、鞋子里的脚）。注意每一种东西和其他东西有什么不同。
- 然后说出你闻到的 2 种气味。如果你所在的地方不可能有很多气味，你可以走进厨房，打开冰箱。
- 最后说出你尝到的 1 种味道（很有可能这个东西就在你嘴里，也许是口香糖、牙膏、你最后吃到的东西）。无论是什么，关注它一会儿。

这个练习帮助你关注当下，摆脱对未来的担忧或对过去的懊悔。你之所以会觉得失去了控制，是因为身心对挑战做出了非常令人不安的反应。帮助孩子学习如何让自己平静，回到绿色区，能够使他重新控制自己。

## 画出来

以视觉的方式学习会让有些人学得更好。你应该注意到，我们在书里用一些卡通插画来阐释观点。类似地，我们发现，想让孩子理解他们的行为是如何影响别人的最有效方法就是把事情画出来，用“想法泡泡”帮孩子认识到每个人在事情发生时产生的想法。

- 不要担心自己画不好，只要你能画简笔人物，并在他们头顶上画想法泡泡就足够了。
- 选一个最近发生的事件，孩子当时的情绪或行为令情况变得复杂混乱。我们以孩子们对于玩什么发生争执为例（请根据你孩子的年龄进行调整），用 3 幅简笔画分别代表 3 个孩子。每个孩子头顶上都有一个对话泡泡，里面是他们说的话。

- 一开始你可以对孩子说："我们来聊聊之前你朋友在这儿的时候发生的事情吧。我知道当时你很生气。"然后，解释说你会把这件事画出来，这样更容易明白发生了什么。

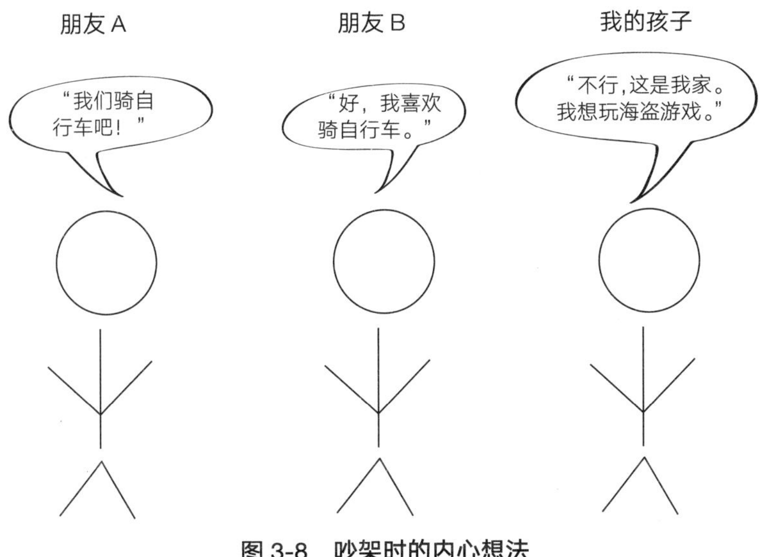


**图3-8 吵架时的内心想法**

你一边描述事件，一边把它画出来。

"你想玩海盗游戏。你的朋友想玩的和你的不一样。你开始进入红色区。然后他们也进入了红色区！我想知道当你坚持让他们听你的时，他们会怎么想。"

"我想知道……"是理解第七感的第一步。鼓励孩子思考当事件发生时，他的朋友都是怎么想的。如果这个对你的孩子来说比较容易，可以让他从自己开始。一边鼓励孩子洞察和共情［"你认为麦克斯（Max）为什么开始哭？

我想知道奥利维亚为什么那么生气？你认为他们有什么感受？在进入红色区之前，你有什么想法和感受？”]，一边再画一组简笔画，这次的想法泡泡里是每个孩子的内心体验。当然你不确定每个人的真实想法，但因为我们有第七感，所以你可以试试诸如此类的话：“你觉得麦克斯这么生气，是不是因为你不喜欢他的主意？”

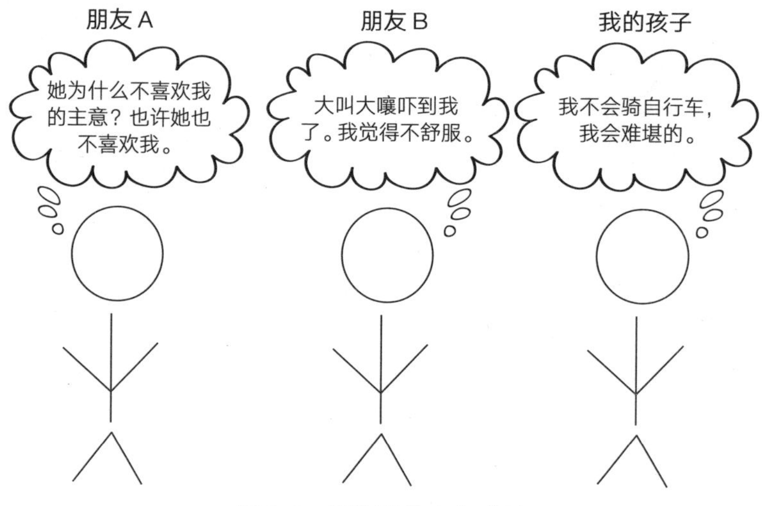


**图 3-9　吵架时的内心感受**

叙述完每个人可能有什么想法或感受后，问问你的孩子下次再遇到相同情况时，他们怎么做能取得更好的结果。如果觉得这个练习有帮助，你可以再选一个事件并画一组画，写出相应的对话，以及你对想法和感受的猜测。

学会让自己从当时的感受中抽离出来，看一看自己的行为或言语对其他人有什么影响，是获得洞察力和共情力的基础。这就是第七感。

## 亲子互动：教给孩子复原力

我们在第2章介绍了绿色区的概念，以及偏离绿色区，进入红色区或蓝色区是什么样的状况。接下来将重点探讨复原力，直接和孩子交流如何应对气恼情绪，让他们知道遇到不顺时可以有情绪波动，但还应该拥有控制情绪、控制冲动反应的能力。正如我们说过的，这些令人生气烦躁的时刻虽然有时会破坏人际关系，但关系可以修复。作为父母，我们可以把复原力教给孩子，这样即使情况不好，孩子也有能力做出改善。换言之，我们对情境的反应决定了我们要么受情绪和情境的支配，要么从痛苦挣扎中学习，修复并重建关系。那些把我们挤出绿色区的狂暴情绪，会造成一种对内在关系的破坏，但反过来也同样可以看作需要安抚和重建联结的时刻。

德里克（Derek）想参加少年棒球联赛，但有点不敢。

德里克的父母鼓励他，陪他去参加第一次练习。他妈妈甚至志愿做教练的助手。

第一次练习时，德里克并不是很感兴趣，但第二次练习很有趣。在第一次比赛中，他打出一个安打，他很开心。现在他非常喜欢棒球。如果一开始他不愿意克服恐惧去尝试新事物，就不会知道自己会喜欢棒球。

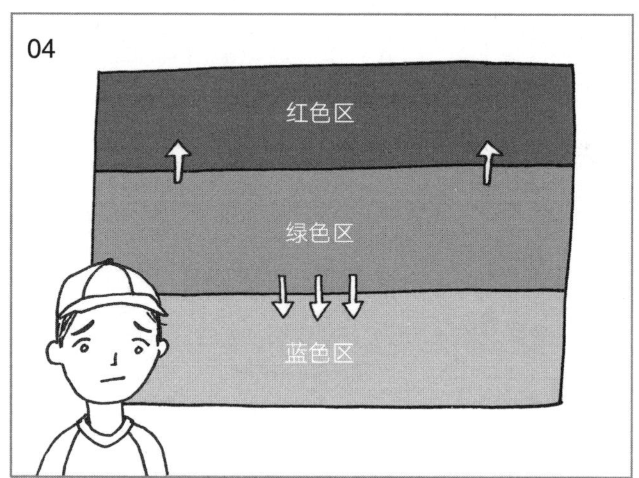


你感受过像德里克一样的紧张吗？你是否觉得自己快进入红色或蓝色区了？

勇敢不是一件容易的事，尤其是当你觉得自己偏离了绿色区时。当你尝试新事物时，你会发现你的能力超出了自己的预期。

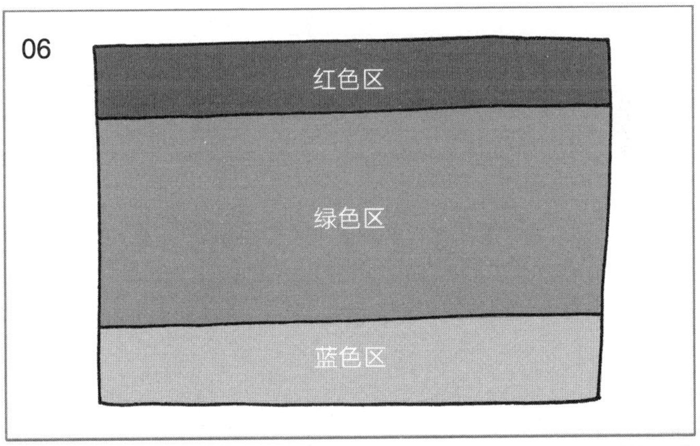


勇敢面对困难的感觉很棒！这会扩大你的绿色区，让你不会错过你可能会非常喜欢的新体验。你会意识到困难其实难不住你，感到害怕或不安是正常的，但你能克服它们。

## 父母成长：提升自己的复原力

当你在培养孩子的复原力上花了很多心思后，也别忘了自己。你在发展自己的开放式大脑上越努力，你就越能更好地支持孩子发展他们的开放式大脑。接下来的一系列问题能帮助你审视自己的复原力，以及你的开放式大脑的发展程度。

在你偏离绿色区的情况中，是否发现存在某种规律？换言之，是否有特定的触发因素、情境或特定的心理状态（如不堪重负、困惑、愤怒）会把你逼入红色区或蓝色区？花点时间想想，把你的想法写在下面的横线上。

________________________________________

________________________________________

________________________________________

当处于红色区或蓝色区时，你会有怎样的情绪（气愤、恐惧）？有什么样的身体反应（心跳加速、肌肉绷紧）？有什么样的行为反应（吼叫、封闭自己、拒绝交谈）？你在红色区或蓝色区里会停留多长时间？

________________________________________

________________________________________

________________________________________

一旦进入了红色区或蓝色区，有什么方法能最有效地帮助你回到绿色区？休息一会儿？听听音乐？散散步？不同的人会用不同的方法来实现这种内部的重建联结，使他们回到绿色区。你的方法是什么？有什么方法（比如充足的睡眠）能帮助你待在绿色区？

________________________________________

你的复原力中有哪些需要加强的部分？例如，是否有些情境对你来说特别有挑战性？你会不会很难从蓝色区或红色区回到绿色区？监控内心世界，发现从绿色区进入刻板的蓝色区或混乱的红色区的迹象，对此刻的你来说很困难吗？思考这些问题，把你的回答写在下面的横线上。

你能靠自己提升复原力吗？我们可以认为复原力是指人从一段破裂的关系中重新振作起来的能力。这种断裂既包括与他人的关系也包括与自我的联结。在联结断裂时发现自我的过程就是成长为一个健全人类的过程。在这个过程中，你可能需要向朋友、亲人或其他人寻求帮助，为不同的情境构建自我调节的内在技能。如果你觉得需要外部支持，如何做才能获得？把你的想法写在下面的横线上，慢慢想，别着急。

很多人觉得发展自己的复原力很困难，这需要付出努力并持之以恒。但是你要知道构建自己的开放式大脑，让自己在逆境中振作起来是有可能实现的。而且通过练习，这会变得容易起来。想想，在你这样做的同时你还为孩子树立了榜样，这对你来说会是巨大的鼓励。

THE YES BRAIN WORKBOOK

# 第 4 章 洞察力

有了洞察力，在面对情绪和不利环境时，我们不再无助。我们可以看到自己的内心发生了什么，做出有意识的、目的明确的决定，而不是盲目跟随无意识的、具有破坏性的冲动。

——《如何让孩子自觉又主动》

洞察力是开放式大脑的第三项基本特质，你可能很少注意到这项特质。但是论及充满意义的人生，论及坦诚和自我理解，拥有洞察力至关重要。简单来说，洞察力是向内看、理解自我的能力，我们可以运用这种能力更好地控制自己的情绪和行为。

通过密切关注我们的内心世界，放慢脚步并思考我们的反应和情绪，我们逐渐明白了为什么某些事件会对我们产生相应的影响。有了这样的认识，我们可以更好地对情境做出有意识的回应，而不是让无意识反应来主宰我们的生活。

作为成年人，对于为什么你会害怕某种活动，你应该会有一些洞察。或者你会注意到某些情境让你感到安全、快乐，另外一些情境则会让你烦躁、气恼。但是对于孩子，你在多大程度上帮助过他们理解自己的情绪和动机？当孩子对情境做出冲动反应时，你是否经常帮助他们分析行为背后的原因或他们的心理？你是否经常帮助他们思考自己为何会产生这样的反应？

阅读以下问题，同时回想一下孩子经常出现的不良行为。

### 测一测

1. **孩子发完火回到绿色区时，我会帮助他搞明白他发火的原因。**

   A. 大多数时候　　B. 有时　　C. 很少

2. **孩子崩溃过后，我会引导他探究引发他行为的情绪和欲望。**

   A. 大多数时候　　B. 有时　　C. 很少

3. **在我发火之后，我会给孩子做示范，解释我行为背后的原因。**

   A. 大多数时候　　B. 有时　　C. 很少

4. **我会鼓励孩子用比“生气”“难过”更复杂的语言来解释他偏离绿色区时所感受到的情绪。**

   A. 大多数时候　　B. 有时　　C. 很少

5. **当孩子进入红色区时，我能始终清醒地认识到他的行为是在跟我沟通。**

   A. 大多数时候　　B. 有时　　C. 很少

6. **我能察觉到自己进入了红色区，并能够改变思维状态，认识到自己正在做什么。**

   A. 大多数时候　　B. 有时　　C. 很少

没有父母能时时刻刻以最好的方式教育孩子。我们希望你能思考一下自己在多大程度上关注着孩子的状态，并及时帮助孩子培养对自己情绪和行为的洞察力。如果你对上面一些问题的回答是“有时”或“很少”，那么你认为需要怎么做来提醒自己这些时刻就是培养孩子洞察力的时机？

## 球员与观众

让我们先教给你一个关于自我观察的概念，然后再来探讨如何将这个概念运用到孩子身上。

成为自我的观察者，这对获得洞察力至关重要。这意味着你要注意到，甚至要接纳你当下感受到的情绪，同时观察自己对那些情绪的反应。换言之，你感受着当下的情感（球员视角），也看着自己感受这些情感（观众视角），如图 4-1 所示。

自我观察的关键在于学习如何在情绪激动时暂停下来，从旁观者角度观察，不评判，不挑错，只是关注正在发生什么。在这种状态下，你更容易做出明智、审慎的选择。我们并没有说这容易做到，但是通过练习，你可以学会更好地控制对糟糕情境的反应（见图 4-2）。

当你开始学习更频繁地观察内心的变化时，一定要记得对自己保持耐心、宽容的态度。你可能会对自己的想法和情绪做评判，认为它们很糟糕。这种攻击性的反应非常常见，但请注意，此时的目标只是觉察这些想法和情感，不做评判。

**图 4-1　球员与观众**

**图 4-2　运用洞察力的场景**

有多种方法能够提高有意识的觉察能力，不同的方法适用于不同的人，但一开始你可以采取下面这种方法。抽出一段时间，慢慢地、悠闲地散步，不要戴耳机，没有目标，只是随意地走走。不用走太久，10 分钟或 15 分钟就可以。忙碌的人往往很难真正放慢脚步，让自己不再感到时间紧迫。就利用这样的散步时刻吧，把它当作一段迷你假期。利用这几分钟时间，让自己回归孩童时的节奏和开放的心态。在散步的时候，留心周围的事物。感官觉察是更了解自己的第一步。

- 关注你的身体感觉。记录你听到的、看到的、闻到的、感觉到的事物，如吹入发间的风、肩膀的疼痛感等。
- 如果你的思绪飘到了工作或孩子等事情上，你要及时发现并把注意力转移回此时此地，回到你所看到的、听到的、闻到的、感觉到的事物上。
- 散完步之后，花几分钟时间把你的体验记录下来。记住，不要试图从中寻找意义，这只是一个注意力练习（如在散步时，我注意到附近有孩子交谈的声音、汽车鸣笛的声音。我注意到我的鞋有点紧，我的身体很温暖）。如果你持续做一段时间这样的练习，你可能需要单独准备一个日记本，不过此时你可以记录在下面的横线上。

接下来抽出时间安静地坐一会儿，再做一个类似的练习（可以在散步练习之后，也可以另找时间）。这次关注的不是来自身体的感觉，而是你的情绪，不做评判，不寻找意义，只是关注它们。

- 先找个安静、舒服的地方，在那里独自待几分钟。不习惯这种反思练习的人会感觉到不适或者困难，因此一开始可以只练习一两分钟，然后逐渐增加时间。
- 关注呼吸，不需要特殊的呼吸方式。你的身体知道该怎么做。你只需要注意呼气、吸气时的感觉，可能是鼻孔里的感觉，也可能是腹部起起伏伏的感觉。在关注呼吸的过程中，你会发现你的注意力从呼吸转移到了脑海中的想法和情感上。这使你有机会更深入地了解自己内心的情感、想法和感觉。这个练习需要你关注情绪。
- 注意你现在感受到的情绪，如"这是生气，我感觉到了悲伤……"，然后注意你对情绪的反应，可能是身体感觉或想法，如"当我开始感到气愤时，我的肩膀会紧绷。我觉得我不配获得快乐"。记住，无论你有什么想法，它们都只是想法，任何想法都没有错。不要做评判，不要谴责也不要称赞自己。你只是去关注，对闯入脑海的任何情感和想法都保持开放的态度。
- 做完练习后，再抽几分钟记录下你的体验。你注意到了什么？如果你想持续做一段时间这个练习，最好单独准备一个日记本。如果没准备，你可以把想法记录在下面的横线上。

________________________________________

________________________________________

________________________________________

________________________________________

________________________________________

以上这种反思练习有时也被称为"冥想"。一开始你往往会觉得自己好像在有意识地、有针对性地关注自己的情感，但经过一段时间的练习后，你的关注会变得不再那么刻意。根据这些建议经常练习，你就会逐渐做到用心觉察。用心觉察需要好奇、开放、接纳、有爱的心理状态。越是专注用心，你就越能做出审慎、明智的反应，而不是冲动行事。随着你不断这样做，大脑会形成新的神经通路，这种思维方式会在需要时自然而然地发挥作用。就这样，这种通过练习特意创造出的心态在未来的人生中会逐渐成为内在特质。通过这样的冥想练习，你会拥有真正的豁达和自由，也就不太会陷入情感旋涡而难以自拔。你不会再觉得生活压得你喘不过气，因为你能够带着耐心，机智地应对各种情况了，就好像这些人生智慧与生俱来。

你还可以尝试一种更复杂的练习——探索觉知之轮（Wheel of Awareness）。心智被比喻为轮子，轮子的边缘代表我们所感知到的事物，轮毂代表对觉知本身的感受。轮毂越宽，我们对当下就越有感知力，就越能在做出反应前暂停，就越能具有开放、接纳的状态。作为父母，正是这种状态使我们能为孩子提供 4S，使孩子和父母之间形成安全的依恋关系。

## 暂停的力量

妨碍我们使用或发展洞察力的一个因素是冲动反应。遇到刺激时我们的第一反应不是接纳，而是觉得受到了威胁，被动、无脑地做出回应。这就是冲动反应，它使我们无法保持接纳而灵活的态度（见图 4-3）。

如果我们能暂时停止，而不被情境驱赶进蓝色区或红色区，我们就比较有机会保持自我控制能力。我们就能避开被动反应，更有可能待在绿色区。

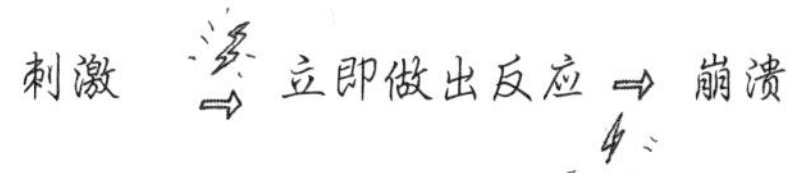

**图 4-3　崩溃的源头**

很多人对触发因素会做出本能的反应，这种反应会让我们感到不舒服，往往引发攻击或其他适应不良的行为，以此缓解不安。例如，孩子跟你顶嘴，你觉得他不尊重你，这让你感到不愉快，你的反应是痛斥孩子，以此来消除你的不舒服。可是这样做非但没有解决他的行为问题，还给亲子关系造成了裂痕。虽然你暂时会感觉好些，但实际上，你是强化了自己回避情绪的能力（见图 4-4）。

当你开始练习有意识的觉知后，首先你会发现你对自己的身体感觉、内在感受会更清楚，正是这些感觉和感受激发了对刺激的反应。面对触发因素时能不能暂时停住，就在于这种觉察，它是关键的第一步。回到前面的例子，孩子跟你顶嘴，你觉得他不尊重你，你感到身体不舒服。这一次你暂时停住，不做反应（也许做个深呼吸，让自己平静下来；也许走开，不再争吵），这样你才能分辨自己的情感（如“这是羞耻感”），问自己这种情感来自哪儿或者你为什么会有这样的感受（无论你是否知道这些问题的答案，先把它们暂时放在那儿，日后再去思考）。这种方式可以被称为“经历分享、安抚情绪”。暂停和分辨情绪能让你平静下来，经过认真思考再对孩子做出回应，这样他才能听进去你的话，而不是刺激孩子也做出冲动的反应。

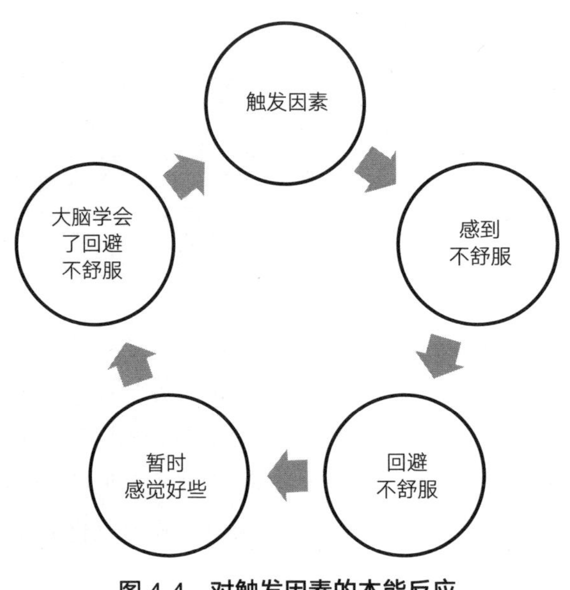


**图 4-4　对触发因素的本能反应**

越多地练习暂停，在需要暂停时，你就越容易做到。你对自己的反应越好奇，就越能够将它们和触发因素分隔开，也就越能做出正确的回应。这其实是在训练大脑的一种功能，让你逐渐认识到感受情绪有助于你拥有更好的感觉（见图 4-5）。

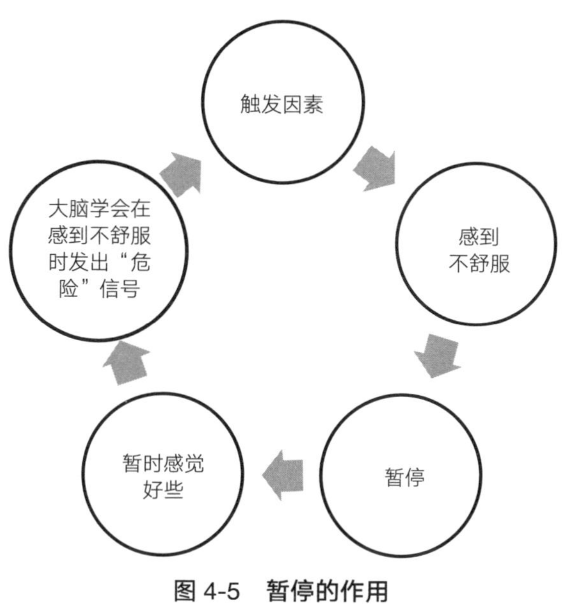


**图 4-5　暂停的作用**

你刚刚练习了如何让自己的感知更有意识，更用心，现在让我们来练习一下暂停。对有些人来说，正吵得热火朝天时让他停下来似乎是不可能的，我们可以从令你生气或烦恼的小事开始练习。例如，卫生纸用完了没人换新的，你儿子早起不整理被褥，街角的咖啡店没有你最喜欢的松饼，等等。下次当这类事情激怒你的时候，停下来注意自己的反应。不要评判这种反应是对还是错，只是注意感受和想法，以及由此发生了什么，以好奇、开放、接纳、有爱的状态感知正在发生的状况。

练习暂停时，你可以用表 4-1 来详细记录感受。尤其要思考你在过去会做出的反应及其导致的结果，并和你暂停后再做出的反应及所得到的结果进行比较。我们提供了一个例子，供你参考。

**表 4-1　练习暂停**

| 触发因素 | 反应 | 以前的结果 | 现在的结果 |
| --- | --- | --- | --- |
| 出门上班迟了，还遇到堵车 | 我开始变得生气，继而惊慌失措，因为我可能会迟到更长时间；后来我想起来应该暂停，于是我做了个深呼吸，开始注意身体的感觉和当时的想法 | 我通常会变得更紧张，有时会坐在车里吼叫，或者冒冒失失地超车，还会感觉身体僵硬而紧绷；到了办公室以后，我又生气又焦躁 | 我注意到，当我暂时停住，而不是让愤怒的想法愈演愈烈时，情绪和想法都会过去；我意识到紧绷的身体开始放松，虽然车速依然很慢，但压力感减轻了，我能理智地思考了；我会给办公室打个电话，告诉他们我会迟到一会儿；结果一切顺利 |
| | | | |
| | | | |

**续表**

| 触发因素 | 反应 | 以前的结果 | 现在的结果 |
| --- | --- | --- | --- |
| | | | |
| | | | |
| | | | |

随着持续练习，你就能逐渐认识到，通过改变思维方式能在很大程度上改变个人体验。当你有自信运用这种技能时，就可以把它教给孩子了。

想象一下，如果你的孩子学会在面对挑战时，能够暂时停住并做出明智的选择，他的生活会有怎样的改变。再想象一下，当他成长为少年、青年，有了下一代以后，他在教养自己的孩子时会变得多么平和、有爱心。从小就培养孩子的洞察力和反应的灵活性，实际上是在为未来几代人的情绪健康和良好人际关系奠定基础。

## 你能做什么：用开放式大脑策略提升洞察力

### 开放式大脑策略 5：重新定义困境

成年人都知道痛苦和困境常常对我们是有益的。就像在一场比赛中，场下的观众对情境有清楚的认知，而场上的球员可能认识不到。我们的孩子不像我们具有多年的经验，因此也缺乏经验带来的种种优势。

开放式大脑策略 5 的主要目的是帮助孩子培养一种思维方式，它基于这样的理解：人生不易，并不总能遂人意。我们可以问他："你更愿意选择哪种牺牲？"也就是教孩子重新定义困境，让他认识到他面临的每个选择都有各自的挑战性，但最终他需要选择一条路走下去。如果孩子能暂停下来，从观众视角审视情境，他就能选择如何做出反应，就能从这些困苦经历中找到意义，会更有信心应对生活抛给他的难题。

图 4-6 显示了孩子可能会经历的一种困境——觉得自己没有朋友。他有两个选择来改善这个困境（限于这个例子），每个选择都有风险和回报。当孩子能重新定义没有朋友的痛苦，并且能不带情绪地审视情境时，他就能权衡每个选择的利弊，明智地决定下一步该怎么办。

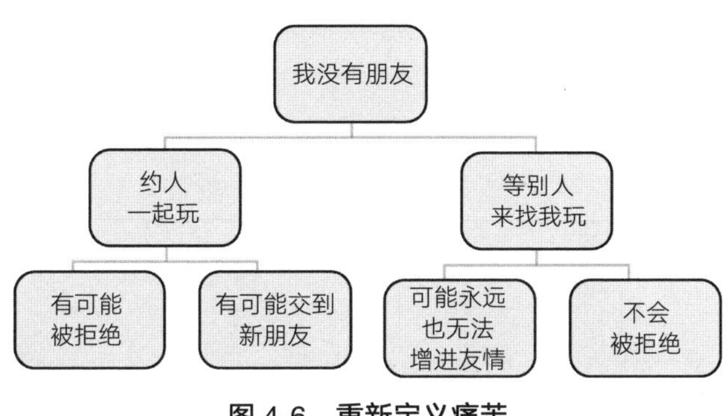


图 4-6　重新定义痛苦

接下来开始练习吧。我们提供了一个例子，展示了孩子可能会有的痛苦挣扎（见图 4-7）。认真看完这个例子之后，再来思考你孩子的困难，想一想该如何帮他拆解痛苦，给予他支持。他最终的选择也许会牺牲掉一些令他感到舒服的事。

示例

**痛苦**

- 教练从来不选我做开局投手。

**重新定义痛苦**

- 如果我想开局时投球，就必须勤加练习。
- 如果我增加练习投球的时间，就会占据做其他喜欢的事的时间。

**解决方法**

- 棒球是我最喜欢的活动，如果我想做好这件事，就必须投入更多时间。
- 和足球相比，我更擅长棒球，所以目前我想要专注于其中一项。

图 4-7（1）　拆解痛苦

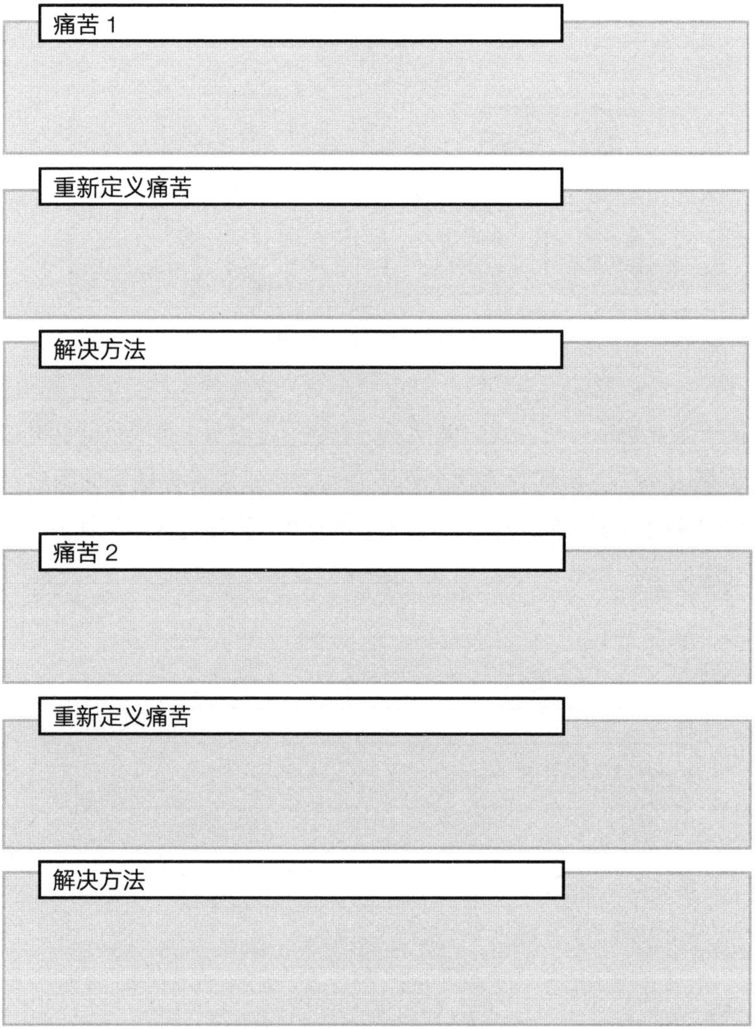

痛苦 1

重新定义痛苦

解决方法

痛苦 2

重新定义痛苦

解决方法

图 4-7（2） **拆解痛苦**

经过练习，孩子会把讨厌的或充满压力的体验重新定义为中性的甚至积极的体验。他们无法掌控发生的每一件事，但一段时间后他们能学会在做出反应之前暂停一下，继而能认识到他们正在感受什么，以此选择他们的回应方式。

## 开放式大脑策略 6：避免“红火山”喷发

如果你读过《如何让孩子自觉又主动》，那应该记得“红火山”与过度唤起有关。当我们因为某事生气烦躁时，神经系统的唤起程度就会增加。我们能在身体上感觉到这种变化：心跳和呼吸加快，肌肉紧绷。当我们越来越生气、烦躁时，就会在情绪的钟形曲线上不断爬升（也就是登上“红火山”的山顶）。这是个危险区，到达曲线的顶部意味着我们进入了红色区，不再能很好地控制自己的情绪、决定和行为（见图 4-8）。

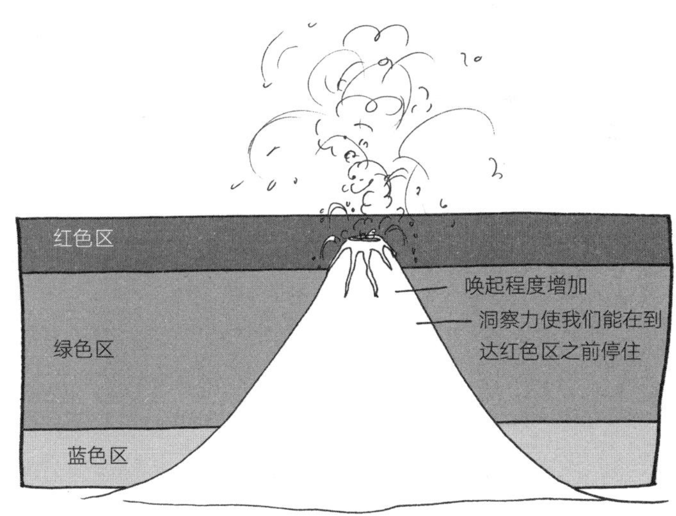


图 4-8　情绪反应的“红火山”

最终我们从“火山”的另一侧下来，再次进入绿色区，但是最好永远不要碰到令我们不良情绪爆发和失控的“山顶”。避免碰到“山顶”的关键在于意识到是什么让你（你的孩子）爆发，哪些信号显示你（你的孩子）正在一步步登上“火山”。

让我们从经常让你生气、烦躁的事情开始，也许是和孩子有关的事情、工作中的事情等。记住，不是只有让你生气的事情才会令你失控，焦虑、恐惧、压力也会让你失控。

- 在图 4-9 的第 1 栏列出你挑选出来的触发因素。
- 在第 2 栏列出你发现的警告信号，它们说明你的交感神经系统被过度唤起了。换言之，有迹象暗示“火山”正在升温，开始隆隆作响。
- 在第 3 栏列出是什么样的深刻认识能干预、阻止这个过程。为了让“火山”冷却，你可以采取什么行动？填写之前，可以看看我们提供的例子。

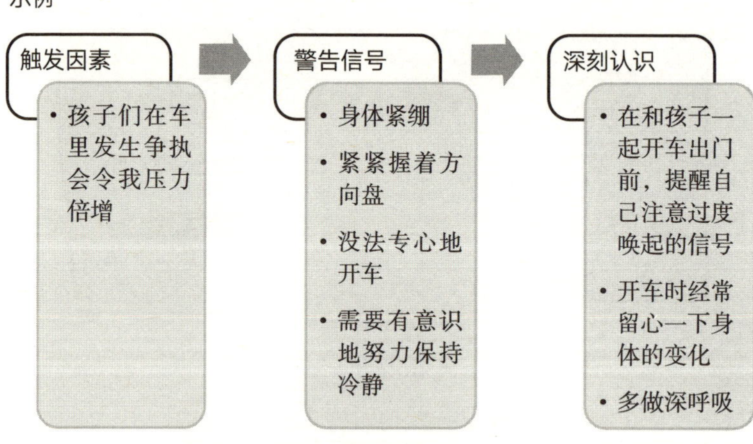


**图 4-9（1）　熄灭自己的“红火山”**

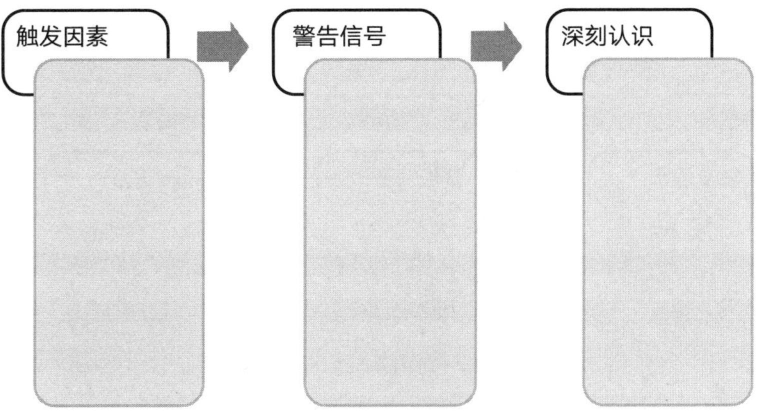


**图 4-9（2） 熄灭自己的"红火山"**

当你自己做完这个练习之后，选择一个经常让孩子失控的触发因素（如学校、兄弟姐妹、体育运动），然后像之前一样，在图 4-10 中再做一遍。

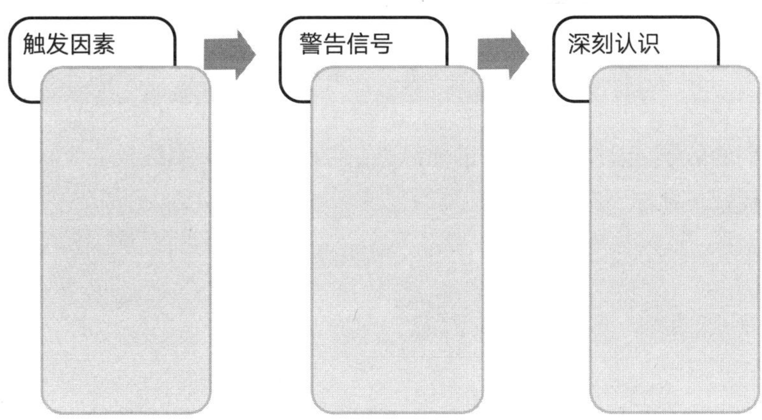


**图 4-10 熄灭孩子的"红火山"**

再选几个令你和孩子情绪爆发的其他触发因素，继续做这个练习（见图4-11）。

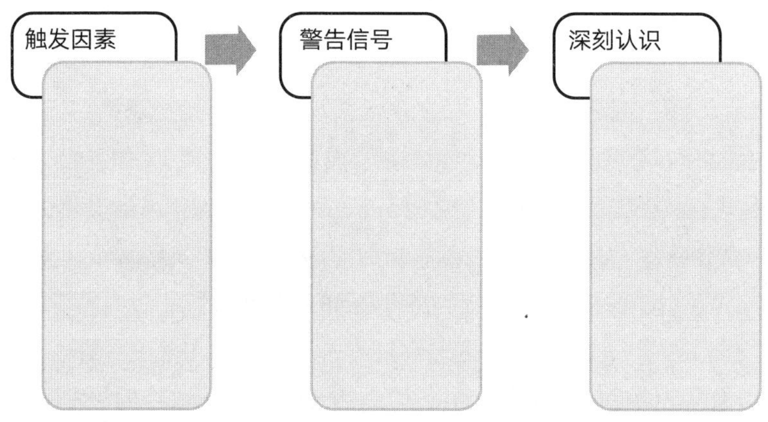


**图 4-11　与孩子一起练习熄灭“红火山”**

做这个练习的目的是让你学会事先考虑，学会为暂停做好准备，也知道该采取哪些步骤让自己回到绿色区。和孩子一起做这个练习显然有助于你了解他们的信号，这样你就能帮助他们避免再次被刺激，最终教会他们靠自己来完成这个过程。

## 亲子互动：教给孩子洞察力

你可以和孩子共读下面这组插图，向他介绍开放式大脑这个理念，帮助他在未来思考这个理念。

## 洞察自己的情绪

让我们来聊一聊你的情绪，主要介绍红色区和如何避免进入红色区。我们可以把情绪想象成一座“火山”。“山下”是绿色区，在那里你会感到平和、沉静。

但是，当你的情绪变得强烈，当你变得心烦意乱时，你就像是在爬山，在向红色区靠近。猜一猜到达“山顶”时会发生什么？你的坏情绪爆发了。

你对别人大吼大叫，扔东西，撕东西，情绪完全失控。

生气没什么不对。但是，如果我们能避免爬到“红火山”的“山顶”，那会怎样呢？如果我们能在开始生气时就控制住自己，不让坏情绪爆发，又会怎样？停下来，做个深呼吸，不是更好吗？

## 洞察力使我们能在到达红色区之前暂停

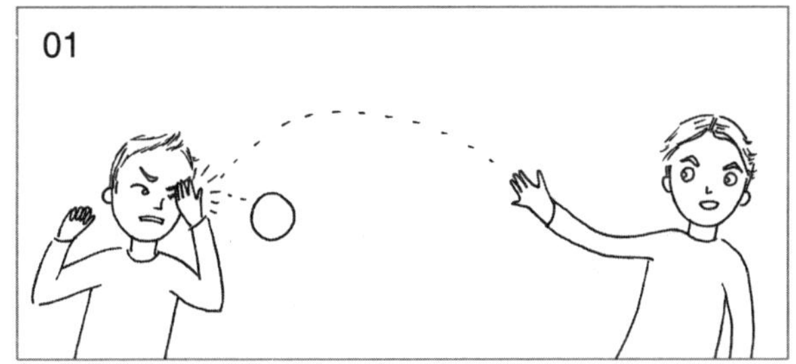


弟弟凯尔（Kyle）扔球砸中了哥哥布罗迪（Brody）的眼睛。布罗迪气坏了，他想拿东西砸凯尔，或者对凯尔说些恶狠狠的话。

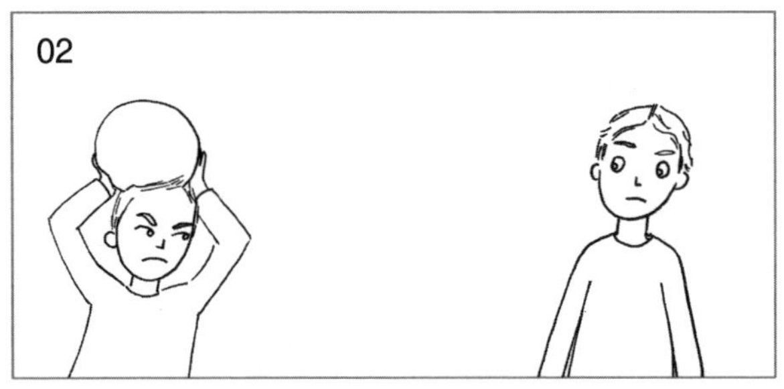


但是，布罗迪没有那么做，他停下来，做了个深呼吸。这就是关键——他想到了“红火山”，这让他暂停下来。他依然非常生气，但并没有采取报复行动。

当你觉得自己在走向红色区时，暂停一下。你不必停止生气，只是在坏情绪爆发前暂停一下，然后想一想不同的反应方式，比如找父母帮忙，或者把你的感受告诉其他人。

## 父母成长：提升自己的洞察力

我们可能因为愤怒、沮丧或恐惧的加剧而离开绿色区，找到并识别出这样的信号是父母需要学习的一项重要技能。其中一个重要的迹象就是过度反应。例如，因为孩子打碎一个盘子，你就大发雷霆；孩子不听你的话，你就崩溃；想到迟到，你就会惊慌失措。当我们能洞察自己的记忆，明白过去的事情对当下有什么影响时，我们便能做出有意识的回应，而不会被习惯和情绪驱使。

有了这样的认识后，你就可以开始审视自己的童年，以及你与父母或其他养育者的关系了，这样你对自己经历的理解会一致而清晰。带着下面几个问题思考你的经历是如何影响你目前的思维方式、反应方式和行为方式的。

你成长过程中的家庭环境如何？（经济状况如何？是否有兄弟姐妹？你们的关系如何？邻里和社区是怎样的？你们怎么过节假日？）

______________________________

______________________________

______________________________

你对父母或其他养育者有着怎样的记忆？（如果你经常和他们发生冲突，冲突的原因是什么？你们通常怎么解决冲突？家人会支持你及你的兴趣吗？父母对你生活的影响有多大？随着长大，你和他们的关系发生了怎样的改变？）

______________________________

______________________________

______________________________

你的学校生活如何？你喜欢它的哪些方面？哪些方面对你来说有困难？

______________________________

______________________________

______________________________

想一想如今的触发因素是否和你的童年或早期经历有关？（例如，作为独生子，我习惯了独处和安静的环境，在我有了好几个孩子后，有点应付不了这样乱哄哄的生活。）

______________________________

______________________________

______________________________

你对自己父母的童年有什么了解？你父母对你及兄弟姐妹的养育方式多大程度上受到了他们童年经历的影响？

______________________________________________

______________________________________________

______________________________________________

通过思考这些问题，你认为你的童年经历如何影响了你对孩子的养育？

______________________________________________

______________________________________________

______________________________________________

显而易见，童年时遭遇的困难、创伤会对一个人的成长以及世界观的形成产生难以置信的影响。即使很小的事情也可能产生巨大影响。你一定要从孩子的视角来审视你的记忆，思考你现在是怎样的成年人，这有助于你理解童年记忆。对童年经历形成一致而清晰的理解能让我们对自己有更多的同情心，使我们能更清楚地认识到自己的优势和局限，对于如何过完此生也能做出更清醒的决定。

THE YES BRAIN WORKBOOK

# 第 5 章 共情力

如果能将共情力与洞察力结合起来，就会形成第七感。第七感会使孩子们变得更有耐心和接纳性，更能理解他人，人际关系更紧密、更有意义，整体的幸福感更强。

——《如何让孩子自觉又主动》

# 第5章
# 共情力

正如我们在第4章中指出的，培养洞察力，再加上理解能力，我们就能清楚地认识自己的动机、情绪和欲望，这有助于我们用开放式大脑面对生活。与洞察力密切相关的是共情力，共情力使我们能对他人感同身受。洞察力和共情力结合在一起，构成了第七感的基石。

共情力的绝妙之处在于，就像平衡力、复原力、洞察力一样，它是可以学习和练习的。《如何让孩子自觉又主动》第5章的开篇讲了一个男孩的故事，他的父母担心他天生没有共情力，于是帮助他不断练习这种重要的品质，最后他不仅成长为能为他人着想的少年，甚至在必要时还能以适当的方式做出自我牺牲。

在这一章我们希望你也能学会给予孩子同样的礼物，即发展他们自己的共情力。

## 开场问题：我的孩子太自私吗

你是否曾担心孩子表现出太多自私的特点？以下这些特点看起来熟悉吗？

- 不愿分享
- 对他人的感受漠不关心
- 抗拒做家务
- 只有通过贿赂或奖励才能有一些基本的良好行为
- 不道歉
- 通过耍心眼儿来得到他们想要的东西
- 贪心
- 嫉妒
- 不满足 / 永远想得到更多
- 缺乏感恩之心
- 对别人不感兴趣
- 觉得别人的时间不重要
- 对帮助他人不感兴趣
- 永远把自己的需求放在第一位
- 自夸
- 自私固执
- 以自我为中心

让我们首先来分析孩子身上这些令你担忧的行为，记住“行为即沟通”。在表 5-1 的第 1 栏中填入你认为孩子表现出来的自私行为，在第 2 栏中填入对于孩子的行为方式你有怎样的担忧。然后思考是否应该再耐心些，因为这些行为是孩子发展过程中的正常现象。把你认为导致这种行为的原因填写在第 3 栏。最后填写你计划如何解决这个问题。我们提供了两个例子，供你参考。

表 5-1　拆解孩子的自私行为

| 行为 | 担忧 | 原因 |
| --- | --- | --- |
| 不肯分享 | 我担心她以自我为中心，不考虑别人，其他孩子不愿意和她交朋友 | 她还没学会分享<br>她还没练习分享 |
| 我的计划<br>保持耐心，因为这个问题很大程度上是发展性的。她还需要学习如何考虑他人的感受，如何分享，但我不会因此迁就她。与其坐视不管，直到玩具被其他孩子抢走，我会先问问她愿意分享哪个玩具，只分享几分钟就行。在她分享之后，我会称赞她是一个好孩子 | | |
| 行为 | 担忧 | 原因 |
| 他总是想让所有人都关注他<br>他做的一切都是为了他自己 | 如果他一直这样，没人愿意做他的朋友，没人会喜欢他<br>别人会认为他粗鲁无礼<br>别人会认为我不是合格的父母 | 他只有 4 岁，这可能是发展过程中的问题<br>他还不明白他不是所有人关注的中心<br>他只是喜欢炫耀自己的新技能 |
| 我的计划<br>在他打断别人，试图让所有人都关注他的时候，我一定要告诉自己，他还没学会从其他视角看待问题。我会温柔地提醒他别人正在说话或现在轮到别人了，并向他解释他的行为会让别人有什么感受。一段时间后他会明白这个道理。我还要提醒自己，他的行为不能直接反映我是怎样的父母 | | |

**续表**

| 行为 | 担忧 | 原因 |
| --- | --- | --- |
| | | |

我的计划

| 行为 | 担忧 | 原因 |
| --- | --- | --- |
| | | |

我的计划

现在让我们来看看有哪些情况可能引发你的孩子目前自私固执的行为。有些事情对孩子来说还是挑战，会影响他们的行为，使他们的行为超出正常的发展范围。我们列举了一些孩子会面对的挑战。

- 学校：老师、分数、考试、出勤、成绩压力……
- 健康：疾病、青春期、出牙、生长突增、心理健康、失眠……
- 朋友：失去朋友、交朋友、霸凌、取笑、打架、流言蜚语、同伴压力、被冷落、误解……
- 家庭：亲人离世、离婚、患病，弟弟妹妹出生，与亲人争吵、疏远、关系破裂，亲人结婚……
- 社会：国际新闻、时事、本地事件、对“坏人”的恐惧、政治……
- 个人的挑战：暗恋、性、嫉妒、消极的自我对话、身体意象、自我认知形成……

回顾孩子身上出现的你觉得不正常的自私行为，哪些是出于环境的改变？他们在尽力满足自己的什么需求？在表5-2第1栏里填写令你担忧的行为。在第2栏里填写大约在相同时间发生的事件，这些事件有可能影响孩子的行为。填完后，写一写你觉得会有帮助的举措（如和学校里的老师谈一谈，看医生，和孩子聊一聊）。

**表 5-2 可能带来自私行为的事件**

| 行为 | 事件 |
| --- | --- |
| | |

我的计划

| 行为 | 事件 |
| --- | --- |
| | |

我的计划

归根结底，所有的行为都是沟通，要么显示孩子欠缺某种能力，需要你的帮助；要么显示孩子遇到的事，他还无法应对。在这种时候，不要惊慌失措，你应该思考他们的行为在传递哪些信息，这事关孩子的生活和幸福。如此一来，在你的支持下，任何痛苦孩子都能妥善应对。即使出现需要外部干预的情况，如果你能处在平静镇定而非惊慌失措的状态下，也更有可能给出很好的建议（见图 5-1）。

我们看到的行为

孩子的行为真正传递的是什么

**图 5-1　行为即沟通**

## 构建关怀他人的大脑

你在日常生活中可能没怎么意识到共情这种行为，因为它已经是你不自觉的行为方式了。这意味着培养孩子共情力的一个有效的方法就是我们以身示范。口头谈论共情力和站在别人视角看待问题当然很重要，但当你以身作则时，你实际上是在激活孩子大脑中与共情有关的神经元并促进它们的生长（见图 5-2）。

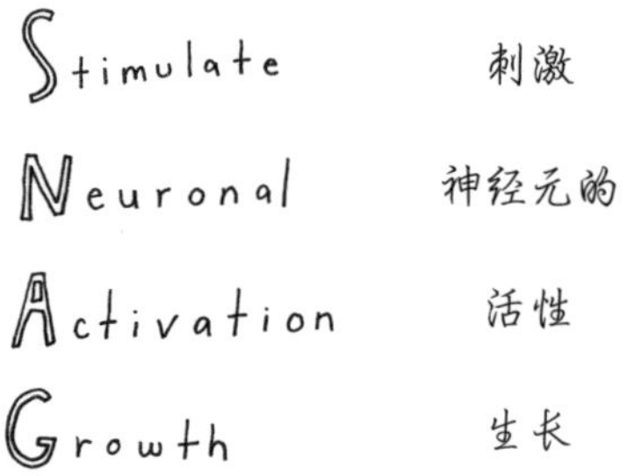

Stimulate　刺激
Neuronal　神经元的
Activation　活性
Growth　生长

**图 5-2　共情力的 SNAG**

在这个练习的一开始，请写出你是怎样为孩子示范共情力的。例如，你对帮助你的人或为你提供服务的人的说话方式；你为社区服务投入的时间；你对待伴侣或朋友的方式；你对周围人表达关心的次数。你是如何让孩子知道共情力对你而言是很重要的？

你跟孩子会以什么方式谈论共情力？例如，问他别人有什么感受，谈论电视或书中人物的反应，还是讨论时事以及它们对当地人、对世界各地的人有什么影响？

______________________________________________

______________________________________________

______________________________________________

当你对别人表现出同情的时候，你觉得孩子会怎么看你？

______________________________________________

______________________________________________

______________________________________________

平时生活中，你对自己或对他人表达同理心和同情的方式是否需要改善？如果需要，你想改善什么？

______________________________________________

______________________________________________

______________________________________________

我们越是让孩子关注周围人的需求，他们大脑中相应的神经元就越活跃，社交网络中的神经联结就会得到强化。这些社交网络包括描绘他人内在的心理状态，这被简称为“第七感地图”。当我们提供一些活动，把孩子的注意力转移到其他视角上时，我们就激活了他们大脑中的共情神经元，并促使这些神经元生长。共情包括感受他人的感受，产生共鸣，换位思考和理解他人。

除了以身作则之外，帮助孩子培养共情力的方法还有下面这些：

- 在一起看书或看电影的时候，让他们体会角色的情绪、动机或内在感受。

- 鼓励他们谈论感受。
- 推测为什么某人会做出那样的反应（包括现实生活中的人和在媒体上看到的人）。
- 指出那些有助于理解他人感受的非语言线索和面部表情。
- 举办家庭会议，在会议中你从其他家庭成员的角度思考问题。
- 认真倾听孩子的想法，也鼓励他们倾听别人的观点。
- 询问孩子朋友和同伴的情况，鼓励孩子关心朋友的动机或需求。
- 讨论国际问题，也谈论他们生活中的个人冲突。
- 让他们参与公益活动或社区服务。
- 让他们做家务，告诉他们家人应该互相帮助、一起努力，明白“众人拾柴火焰高”的道理。
- 帮助他们认识到自己的行为与他人反应之间的关系，比如为推着婴儿车的人或者拎着袋子的人开门这样帮助他人的行为是多么友善，这对他们自己也是有益的，会让他们的生活更美好。

在下面的横线上写出你想和孩子一起尝试的事情，以及为此你需要采取的行动。

______________________________

______________________________

______________________________

______________________________

除了明确地把共情教给孩子之外，使孩子更有共情力的另一个关键是让他感受自己的消极情绪。再次重申，养育孩子的目的不是避免他们遭受痛苦，而是陪伴他们，培养他们的能力，使他们能应对艰难险阻。看着孩子在愤怒、失望和担忧等消极情绪中苦苦挣扎，而我们只是陪伴和支持，这确实很困难。但是让孩子感受各种各样的情绪非常重要，这样他们才知道别人在有这些情绪时是怎样的感受。同理，让孩子亲历挑战有助于培养他们对不幸者的同理心（见图 5-3）。

**图 5-3　关心他人的共情力是可以培养的**

那么，你能安心让孩子感受消极情绪吗？你是否经常明确或隐含地传递出这样的信息，即孩子应该永远快乐？你是不是急于把孩子的注意力从让他们痛苦的事情上转移开，或者帮他们解决问题，或者告诉他们不要有那些情绪？你是否对他们说“别哭了”或“别担心”，而不是说“你难过的时候，我会陪着你”？

现在让我们看一看你会如何应对孩子通常遇到的痛苦和挣扎。我们提供了两个例子。在看完这些例子后，在表 5-3 的第 1 栏填写孩子曾经历的痛苦和挣扎，在第 2 栏填写你想如何改进自己的应对方式。如果孩子现在正经历痛苦和挣扎，花点时间想想，在学习了这种新观点后，你认为最好的应对方式是什么。

**表 5-3　如何应对孩子的痛苦和挣扎**

| 痛苦和挣扎 | 应对方式 |
|---|---|
| 生日聚会结束时，姐弟俩中的弟弟感到很难过，因为他姐姐得到了一件“更好看的”化妆游戏服装 | 我的第一反应是给他买一件一样的服装，或者坚持让他们俩分享；但是我想如果我陪着他，让他感受难过和失望，那他们俩都能对嫉妒有所认识，学会接受已有的，而不是想要“更好的” |
| 我女儿写作业总拖延，在该交作业的前一天晚上，她常常会心烦意乱 | 因为不想让她心烦意乱，不想让她的成绩不好看，我通常会催促她或者帮她完成作业；但是我想，更好的做法应该是帮她制订学习计划表，陪着她承担没按时完成作业的后果 |
| | |

**续表**

| 痛苦和挣扎 | 应对方式 |
| --- | --- |
| | |
| | |

# 你能做什么：用开放式大脑策略提升共情力

## 开放式大脑策略 7：激活“共情雷达”

你可以认为孩子的大脑中有一种共情雷达，他们借此来了解别人的情绪。如果雷达调得好，孩子与他人的关系就能更深入、更有意义。调整良好的共情雷达还意味着孩子能自动区分和运用自己的心智，不会过于感同身受（这会让人筋疲力尽），也不会因为别人的看法而影响情绪（这会让人不知所措）。

现在想一想你孩子的共情雷达的运转效果怎么样。用每个问题后面的评价等级来给孩子打分。在每个问题下面的横线上写出至少一个例子来说明你的观点。

1. 能站在别人的角度看问题

非常不同意 | 不同意 | 不同意也不反对 | 同意 | 非常同意

例子：

______

______

______

2. 能与他人合作

非常不同意 | 不同意 | 不同意也不反对 | 同意 | 非常同意

例子：

______

______

______

3. 能为别人挺身而出

非常不同意 | 不同意 | 不同意也不反对 | 同意 | 非常同意

例子：

4. 能解读非语言线索

非常不同意　　不同意　　不同意也不反对　　同意　　非常同意

例子：

5. 能交流他们自己的感受

非常不同意　　不同意　　不同意也不反对　　同意　　非常同意

例子：

6. 对他人有同情心

非常不同意　　不同意　　不同意也不反对　　同意　　非常同意

例子：

___

___

___

7. 能用言语表达他人的感受

非常不同意　　不同意　　不同意也不反对　　同意　　非常同意

例子：

___

___

___

8. 是一位好的倾听者

非常不同意　　不同意　　不同意也不反对　　同意　　非常同意

例子：

______

______

______

9. 能主动提供帮助



例子：

______

______

______

10. 既有同理心，又能保持独立



例子：

______

______

______

打开孩子共情雷达的方法有很多。其中一种方法是帮助他们带着好奇心，而不是评判心来看待事情（见图 5-4）。

不要评判

教孩子运用好奇心

**图 5-4　激活共情雷达**

好奇心能使孩子重新定义情境，从更有同理心的角度来看待事情。角色扮演是达到这种效果的一种方法。如果你读过《如何让孩子自觉又主动》，应该还记得我们使用的一个例子，一个男孩对朋友在比赛中作弊感到很气愤。在父母的建议下，他们进行了角色扮演，小男孩扮演他的朋友，他不得不想象朋友为什么会作弊。通过角色扮演，他得以从不同的角度来看待这件事，对朋友有了更多的同情。

想一想孩子最近发生的一些事情，你可以用角色扮演来重新定义它们。在尝试了角色扮演后，把结果记录下来，填在表 5-4 中。我们为你提供了一个例子。

**表 5-4　用角色扮演重新定义情境**

| 事件 | 重新定义 | 结果 |
| --- | --- | --- |
| 女儿很烦她的一个朋友，因为这个朋友喜欢事事模仿她，无论是穿着打扮还是兴趣爱好，都是如此 | 我扮演女儿，她扮演她的朋友，重新回顾一下她们之间的互动 | 通过这种角色扮演，女儿猜想她的朋友是在钦佩她，想要像她一样，而不是在“抄袭”她；女儿意识到，也许她的朋友不敢表达自己的看法，所以觉得模仿她比较安全；女儿依然不喜欢她朋友的做法，但对其有了新的理解 |
| | | |
| | | |

培养孩子探究别人行为背后的动机有助于他们更理解他人，对他人更宽容、更耐心。有时培养这种敏感性的最佳方法是让孩子关注别人需要支持的地方。这种关于共情力的对话可能比较严肃，不过你在日常的互动中同样有很多机会展示体贴与关怀，发挥榜样的作用。

例如，生日和节日是鼓励孩子关心他人愿望的绝佳机会。这种时候送张贺卡比较省事，但送一份贴心的礼物需要你真正想人之所想，急人之所急，送出别人喜欢的贴心礼物对培养共情力很有帮助。让我们看一看如何把送礼物这个练习共情力的机会运用到你孩子身上。

送礼物可以体现你对一个人有多了解以及他对你有多重要，因此有时候人们会觉得送礼物是件让人头疼的事。你可以从对这个人的了解，以及你和他之间的经历方面想想给他送什么礼物。

先从找出孩子想要送礼物的那个人开始吧。让他列一张清单，写上他对这个人的了解。你可以用提问的方式梳理，这样能帮助孩子思考。比如：这个人有什么兴趣爱好？他从事什么工作？他喜欢去哪些商店购物？你们怎么认识的？你们是否一起经历过什么大事？你对他的过去有什么了解？他玩社交媒体吗？他在社交媒体上发过什么内容？他是否积极参与某些公益活动？你们是否有共同的秘密能提供送礼物的灵感？把孩子想到的问题都写下来。

________________________________________

________________________________________

接下来，让孩子回想一下曾经送过哪些对方很喜欢的礼物。哪种礼物会让对方非常开心？比如：不是每个人都觉得收到有形的礼物就代表被重视。

有些人喜欢体验或共度时光。有些人比较容易被文字打动，爱读书的朋友也许会很喜欢看你写给他的故事——你们如何初次相遇，他对你有多么重要。也许你注意到兼顾工作和家庭让妈妈有些吃不消，所以实际行动会令她很开心，比如给她一个惊喜，跟爸爸或其他成年朋友一起代替妈妈完成一周的家庭采购工作。和孩子一起仔细琢磨一下对方的特点，看一看图 5-5，再来决定怎么表达对他的爱。

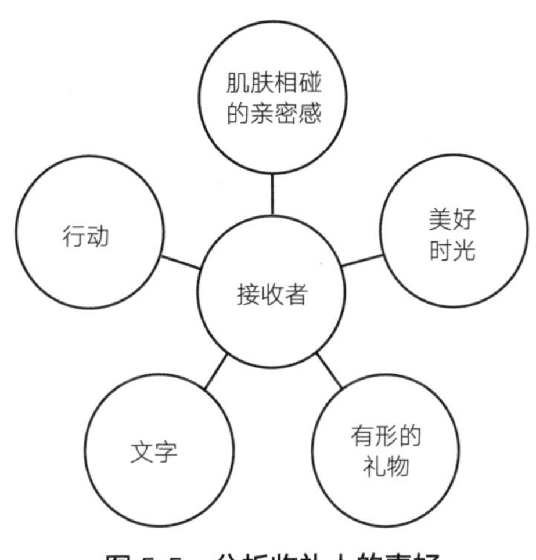


**图 5-5　分析收礼人的喜好**

现在你已经帮助孩子列出了对这个人的所有了解，也搞清楚了什么类型的礼物最能让他感觉到孩子的关心。在考虑为他做什么时，这些信息能提供很好的指引。表 5-5 有助于你帮助孩子整理这些信息并做出决定。我们罗列了两个例子供你参考。

记住，送什么礼物体现了你对这个人的关心程度。让他知道你真的很懂他，你会用心听他说的话，你对他的理解比你为他花多少钱更重要。

表 5-5 罗列信息，找到送礼的方向

| 姓名 | 我对这个人的了解 | 礼物的类型 | 送什么礼物的想法 |
|---|---|---|---|
| 奶奶 | 喜欢花<br>喜欢美食<br>希望我们有更多时间陪她 | 她总说和我们在一起时她最快乐，所以她会喜欢我和她共度的美好时光 | 我们会从院子里摘一些花送她，带她去公园里野餐、散步 |
| 家教老师 | 每天工作时间很长<br>独居<br>很喜欢她的狗<br>最近她被诊断出关节炎 | 关节炎引起的疼痛让她非常不舒服，她不得不减少给学生的辅导，所以我觉得她会喜欢对此有所帮助的行动 | 给她做一些饭菜，送到她家，放进冰箱<br>给她买个开罐器，这样患有关节炎的手也可以比较轻松地打开罐头<br>邀请她带着狗来上课，这样你可以和狗玩，还可以帮她遛狗 |
| | | | |
| | | | |
| | | | |

## 开放式大脑策略 8：丰富共情语言

教孩子谈论共情是帮助他们学会关心他人的另一种方法。即使孩子能站在别人的角度看问题，这也不意味着他们能自然而然地知道如何谈论共情。

用“我……”帮助孩子理解他们在冲突中的角色，同时还有可能减少冲突中另一方的防御性（见图 5-6）。

告诉孩子，指责和批评会引发很多问题

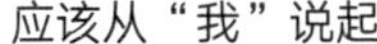
应该从“我”说起

**图 5-6　教给孩子共情语言**

孩子还需要学会恰当地对他人表示支持，而不是马上告诉对方如何解决他的问题。共情更多的是倾听、陪伴和分享情感。

当孩子注意到别人受伤了，我们怎样教导他做出关爱的回应？“一定很疼”或“你今天这么难过，我也不好受”这类的话会让对方知道我们在倾听，在陪伴，在尽量表示我们和他心连心（见图 5-7）。

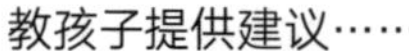

不如教孩子倾听和陪伴

**图 5-7　教孩子如何表达爱**

接下来让我们想一想如何培养孩子的这些能力。首先挑选一个电视节目或一部电影和孩子一起观看。然后你们各自选取其中一个适合的场景，谈一谈里面的人物如何互动能更有同理心。你可以把你们的想法写在纸上或写在以下横线上。

人物及场景：

________________________________________

________________________________________

________________________________________

我想这样改一改人物的对话，他们会表现出更多的共情：

______________________________________________

______________________________________________

______________________________________________

人物及场景：

______________________________________________

______________________________________________

______________________________________________

我想这样改一改人物的对话，他们会表现出更多的共情：

______________________________________________

______________________________________________

______________________________________________

做了几次这样的练习后，就可以用孩子自己人际关系中需要共情的时刻进行练习（比如和朋友、祖父母相处，和其他孩子在游乐场玩），让孩子说一说如何能更有同理心地面对这些与人交往的场景。这可能包括发生冲突的时刻，或需要更多理解和同情的情境。记住，这种讨论中会出现共情的几个构成要素：情绪共鸣、换位思考、共情理解、同喜、同忧。情绪共鸣指的是能感受他人的情感，但不会产生过度共鸣。换位思考指的是从他人的视角看事情。共情理解指的是能够从认知上理解他人跨时间的感受。同喜指的是为他人的成功和幸福感到高兴。同忧指的是能够感受他人的痛苦，希望帮助他们，使他们感觉好些。同样，你可以在下面的横线上或其他纸上写出你的想法。

情境：

______________________________________________

如果我当初这样回应，会显得更有同理心：

情境：

如果我当初这样回应，会显得更有同理心：

情境：

如果我当初这样回应，会显得更有同理心：

虽然研究显示 10 个月大的孩子就表现出了共情能力，但是运用共情语言，以理解和同情的方式做出回应需要时间和练习才能做到。

## 开放式大脑策略 9：扩大关心圈

一谈起构建关爱他人的大脑，大多数人会想到跟自己关系很近的圈子，比如家人、朋友、同事等。虽然考虑和我们最亲近之人的需求和感受很重要，但扩大“关心圈”，关心我们还不认识，还不爱的人同样重要。

你孩子的关心圈有多大？你是否有时会担心孩子一直活在自己的小圈子里？让我们来看看下面的问题。

你孩子的关心圈包括哪些人？

______________________________

______________________________

______________________________

孩子的关心圈里包括的人或遗漏的人中，是否有让你感到吃惊的？

______________________________

______________________________

______________________________

为什么这些人在或不在孩子的关心圈里？你对此有什么看法？

______________________________

______________________________

______________________________

现在让我们想一想有什么方法能扩大关心圈。我们在《如何让孩子自觉又主动》中提供了一些例子，比如帮邻居清理门前人行道上的雪，或者在退休中心做志愿者，或者参加一些由来自各种社区的孩子组成的活动。

你有什么小方法可以鼓励你的孩子扩大自己的关心圈？我听说过一个制作善行树的方法。一位妈妈用厚纸做了一棵大树，把它挂在餐厅的墙上。她每天让孩子告诉她至少一件他们为不同的人（如学校工友、邮递员、咖啡店服务员）做的好事。然后她把这些善行写在“纸树叶”上，贴在树枝上。一棵树贴满后，他们会以一次特别的郊游来庆祝善行日。

还有一些简单的方法，可以帮助孩子接触到新的共情方式：

- 阅读有关善行的书。
- 让孩子列出在他的学校里工作的人，写一写他对每个人有什么想感谢的事情。制作感谢卡，送给这些人。
- 写一些表达善意的纸条，夹在从图书馆借来的书里。人们会无意中看到这些纸条，也许看到它的人正需要提振精神。
- 要求孩子每周做 3 件好事，或者发现别人做的 5 件好事。
- 查看世界行善日活动，挑出一些让孩子尝试。
- 找一位外国笔友。有一些组织会帮你的孩子和世界上的其他孩子结成笔友，注意，一开始你要做一些审查工作。
- 告诉孩子“把桶装满”的比喻，为别人做好事不仅要让别人开心（装满他们的桶），也要装满孩子自己的桶，这样他也会开心。装满的桶 = 快乐的人 = 世界上更多的善行。然后要求孩子找到需要把桶装满的人，可能是给每周经过的清洁工送一杯冷饮，也可能是为附近无家可归者制作护理包。

- 在教孩子存钱的时候，也可以教他拿出一部分钱做公益。这有助于孩子用言语表达出对他们来说可能重要的全球问题。（你想找一个帮助儿童或动物的公益机构，还是想找一个保护环境的慈善机构？）

你和孩子还能想出其他什么方法？你可以把你们的想法写在下面的横线上。

______________________________________________

______________________________________________

______________________________________________

______________________________________________

______________________________________________

______________________________________________

______________________________________________

______________________________________________

______________________________________________

______________________________________________

______________________________________________

______________________________________________

## 亲子互动：教给孩子共情力

你可以和孩子共读下面的插图，教他思考别人会有什么样的感受。

在前面的“亲子互动”板块中，我们已经谈了很多关于如何关注你自己的反应和内心感受的内容。现在我们想谈一谈了解别人的内心感受。

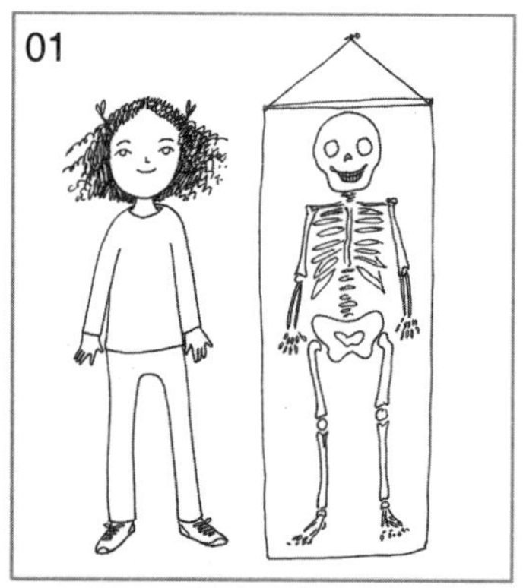


当你看着一个朋友，你可以看到他长什么样。如果通过X光，你还可以看到他的骨骼结构。

但是你知道你还可以用心去看吗？当你注意到一个人的感受时，无论他是快乐、悲伤，还是愤怒、兴奋，你都是用心在看。

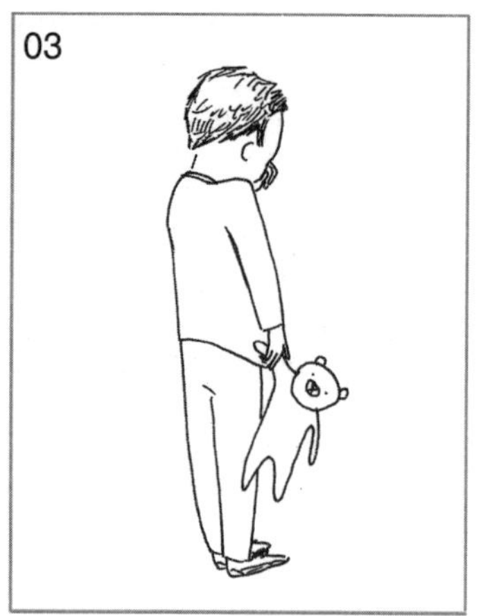


当你用心去看一个人的时候，你不仅会注意他的脸，还会注意他的身体。通过身体语言，你能判断出他的感受吗？

他叫卡特（Carter）。如果你觉得他看起来很伤心，那你说对了。他伤心是因为学校里一个大男孩欺负他，把他推倒了。

卡特没有告诉姐姐洛蒂（Lottie）他很难过，但洛蒂用心去看，她看出来了。她知道弟弟的心情，为他感到难过。

因为她是用心去看弟弟，所以她知道自己应该关心一下弟弟。她问了弟弟的感受，两个孩子决定找妈妈，看如何应对霸凌。

下次当你身边有人感到痛苦时，你要用心去看，注意他们的感受。如果你能觉察到另一个人的内心世界，你可能就知道应该怎么做了。

## 父母成长：提升自己的共情力

对很多人来说，自我同情是一种很难培养的共情力。如果你想为孩子示范同情，那么你就要努力提高自己的共情力。其中很重要的一部分是培养对自己的共情。

接下来的一些问题可以帮助你了解自己的自我同情程度。花几分钟做这个练习，探究你如何看待自己、如何对待自己。

想一个你因自己的错误而气恼的具体事例。当时你有怎样的自我对话？

______________________________________________

______________________________________________

你是否总是对自己很挑剔？是否有特定的时刻会让你更经常地挑剔自己？

______________________________________________

______________________________________________

一天中，你会抽出多少时间关注自己的心理状态和身体健康？你认为自己需要更多这样的时间吗？如果是，你如何满足这个需求？

______________________________________________

______________________________________________

______________________________________________

在更宽容地对待自己这件事上，你遇到了哪些阻碍？

______________________________________________

______________________________________________

______________________________________________

对自己不满意的地方，你了解吗？

遇到不顺和困难时，你会对自己怎么说？（你能保持情绪稳定吗？你是否执着于困难或不顺，走不出来？）

你可以试着比较一下，你在同情自己时与你同情好朋友时有什么不同。如果好朋友遇到困难和不顺，你肯定会充满关心并坚定地支持他。你会倾听，不做评判，理解他生活有时候就是很艰难。如果朋友犯了错，你甚至会说“哦，我也会犯这样的错”或者“人有时就是这样的”。

现在花几分钟想想你之前详细描述过的那些你对自己严厉的时刻、你犯错的时刻以及你没有做到最好的自己的时刻。想一想令自己感到失望的事情或做法，写在图 5-8 中。在方框下面的空白处用对朋友说话的方式写一写你对自己的回应。我们提供了一个例子。

示例

场景

我在会议上发表自己的看法，结果遭到了所有人的批评。

对自己的回应

我很骄傲你能大胆地说出自己的看法，你对此很坚定。我知道提出和其他人不一样的看法对你来说很难，但你做到了。其他人不认同并不意味着你的看法不对，引人注目不是罪。

**图 5-8（1） 重新看待自己不满意的情景**

场景

对自己的回应

场景

对自己的回应

场景

对自己的回应

场景

对自己的回应

**图 5-8（2） 重新看待自己不满意的情景**

我们想教给孩子的共情能力和我们犯错时的自我同情是一样的。我们这样做时，不仅是在帮助我们自己，也是在给孩子示范这种重要的能力。

THE YES BRAIN WORKBOOK

# 第6章

# 开放式大脑，开放式的成功

如何帮助孩子获得这种内在的成功？对父母来说，这始于承认和尊重每个孩子的自我。每个孩子的心里都有一个火花，这是独特的性格和各种经历的结合。我们希望让这个火花越烧越旺，帮助孩子变得快乐、健康，尽全力成为最好的自己。

——《如何让孩子自觉又主动》

## 重新定义成功：开放式大脑的视角

俗话说得好，“成功之路千万条，你得找到你那条”。虽然很多父母在理论上赞同这句话，但在孩子身上践行这句话时，他们就变得没耐心，甚至充满担忧。大多数人对成功有着很刻板的定义，狭隘地将成功等同于成就，一旦偏离方向就会深深忧虑。努力取得成就没什么错。当孩子取得成就时，我们很骄傲。我们应该庆祝孩子取得的优异成绩，但这些不是成功的全部。事实上，取得高成就甚至不能代表孩子是快乐或满足的，也不代表他们具有开放式大脑。父母常常努力想让孩子取得成就，结果很可能是让一家人在“成功跑步机”上疲于奔命（见图 6-1）。

竞争和社会压力常常迫使父母们接受这样的观点：对未来的担忧和焦虑比他们对孩子的了解，甚至比他们对人生的了解更能保证孩子的成功。

当你问父母：“他们最希望孩子得到什么？”很多父母会说：“我只是想让孩子快乐。”但是快乐对父母的含义和对孩子的含义一样吗？大多数社会所定义的成功等同于快乐吗？回答这些问题的唯一方法是帮助孩子找到他们自己的成功道路。这可能意味着要帮助他们了解真实的自己，了解自己真正热爱什么，需要让他们从“成功跑步机”上下来。

图 6-1 “成功跑步机”

## 孩子内在的火花，你激发了吗

让我们用下面的问题来结束本书，它们会有助于你认清自己在用什么方式激发孩子的内在火花，以及你在哪些方面太急功近利了。好好思考这些问题，然后把你的答案写在下面的横线上。

我是否在帮助孩子发现他们是谁，他们想成为谁？

______________________________

______________________________

______________________________

______________________________

孩子参加的活动是否能保护他们的内在火花，并能让它越烧越旺？这些活动是否有助于发展他们的平衡力、复原力、洞察力和共情力？

我们家的日程安排是怎样的？我是给他们留出了足够的时间，让他们可以好好体验充满学习、探索、想象的时刻，还是使他们忙得近乎疯狂，没时间放松、玩耍、创造、满足好奇心、做孩子该做的事？

我是否过于强调分数和成绩？我是否在强迫孩子去做一些我想让他们做的而不是他们自己想做的事？

我是否给孩子传递了一种信息，即他们做的事比他们是谁更重要？

总是逼迫孩子做得更多或更好是否在破坏我们的亲子关系？

______________________________________________

______________________________________________

我和孩子的沟通方式在助燃他们的内在火花，还是在扑灭他们的内在火花？

______________________________________________

______________________________________________

______________________________________________

那些我们投入时间和金钱的事、我们和孩子争执的事，往往能反映出我们真正看重的是什么，还能反映出我们更看重孩子的哪些想法。我们的目标是帮助孩子独立思考、有同理心、发现自己的激情所在、为真正的自己感到自豪，因此我们要尽量避免我们的做法与目标不一致，哪怕是非常微妙的不一致。

帮助孩子培养开放式大脑可以归结为两个基本目标：

- 允许每个孩子充分成长为真正的自己，而不是把父母的需求、愿望和规划强加给他们。
- 留意孩子需要父母帮助他们培养能力、获得技巧的时机，这些能力和技巧是孩子成长和成功所必需的。

为人父母最大的快乐就是指引孩子，看着他们成长为了解自己的人，能坚韧地面对挑战，相信自己的直觉，对他人友善慈悲。开放式大脑是我们送给孩子的礼物，让他们有机会可以拥有丰富、充实的人生，并获得真正的成功。

# 未来，属于终身学习者

我们正在亲历前所未有的变革——互联网改变了信息传递的方式，指数级技术快速发展并颠覆商业世界，人工智能正在侵占越来越多的人类领地。

面对这些变化，我们需要问自己：未来需要什么样的人才？

答案是，成为终身学习者。终身学习意味着具备全面的知识结构、强大的逻辑思考能力和敏锐的感知力。这是一套能够在不断变化中随时重建、更新认知体系的能力。阅读，无疑是帮助我们整合这些能力的最佳途径。

在充满不确定性的时代，答案并不总是简单地出现在书本之中。“读万卷书”不仅要亲自阅读、广泛阅读，也需要我们深入探索好书的内部世界，让知识不再局限于书本之中。

## 湛庐阅读 App：与最聪明的人共同进化

我们现在推出全新的湛庐阅读 App，它将成为您在书本之外，践行终身学习的场所。

- 不用考虑“读什么”。这里汇集了湛庐所有纸质书、电子书、有声书和各种阅读服务。
- 可以学习“怎么读”。我们提供包括课程、精读班和讲书在内的全方位阅读解决方案。
- 谁来领读？您能最先了解到作者、译者、专家等大咖的前沿洞见，他们是高质量思想的源泉。
- 与谁共读？您将加入优秀的读者和终身学习者的行列，他们对阅读和学习具有持久的热情和源源不断的动力。

在湛庐阅读App首页，编辑为您精选了经典书目和优质音视频内容，每天早、中、晚更新，满足您不间断的阅读需求。

【特别专题】【主题书单】【人物特写】等原创专栏，提供专业、深度的解读和选书参考，回应社会议题，是您了解湛庐近千位重要作者思想的独家渠道。

在每本图书的详情页，您将通过深度导读栏目【专家视点】【深度访谈】和【书评】读懂、读透一本好书。

通过这个不设限的学习平台，您在任何时间、任何地点都能获得有价值的思想，并通过阅读实现终身学习。我们邀您共建一个与最聪明的人共同进化的社区，使其成为先进思想交汇的聚集地，这正是我们的使命和价值所在。

# CHEERS

## 湛庐阅读 App
## 使用指南

**读什么**

- 纸质书
- 电子书
- 有声书

**怎么读**

- 课程
- 精读班
- 讲书
- 测一测
- 参考文献
- 图片资料

**与谁共读**

- 主题书单
- 特别专题
- 人物特写
- 日更专栏
- 编辑推荐

**谁来领读**

- 专家视点
- 深度访谈
- 书评
- 精彩视频

HERE COMES EVERYBODY

下载湛庐阅读 App
一站获取阅读服务

**图书在版编目（CIP）数据**

浙江省版权局
著作权合同登记号
图字:11-2021-106号

如何让孩子自觉又主动实战指南 / (美) 丹尼尔·J. 西格尔 (Daniel J. Siegel), (美) 蒂娜·佩恩·布赖森 (Tina Payne Bryson) 著 ; 黄珏苹译. -- 杭州 : 浙江教育出版社, 2021.6（2023.9重印）

书名原文: The Yes Brain Workbook

ISBN 978-7-5722-1926-9

Ⅰ. ①如… Ⅱ. ①丹… ②蒂… ③黄… Ⅲ. ①儿童心理学②儿童教育—家庭教育 Ⅳ. ①B844.1②G78

中国版本图书馆CIP数据核字(2021)第112006号

**上架指导：家庭教育**



## 如何让孩子自觉又主动实战指南

RUHE RANG HAIZI ZIJUE YOU ZHUDONG SHIZHAN ZHINAN

［美］丹尼尔·J. 西格尔（Daniel J. Siegel）　蒂娜·佩恩·布赖森（Tina Payne Bryson）　著

黄珏苹　译

**责任编辑：** 刘晋苏　刘亦璇

**美术编辑：** 韩　波

**责任校对：** 李　剑

**责任印务：** 沈久凌

**封面设计：** 湛庐文化

**出版发行：** 浙江教育出版社（杭州市天目山路 40 号）

**印　　刷：** 天津中印联印务有限公司

**开　　本：** 710mm ×965mm　1/16

**印　　张：** 11　　**字　　数：** 147 千字

**版　　次：** 2021 年 6 月第 1 版　　**印　　次：** 2023 年 9 月第 2 次印刷

**书　　号：** ISBN 978-7-5722-1926-9　　**定　　价：** 69.90 元

如发现印装质量问题，影响阅读，请致电 010-56676359 联系调换。